高等职业教育土建专业系列教材

建筑制图与识图习题集

（第二版）

主　编　吴　伟　刘　洋　吴　俊
副主编　任　非　刘文华
主　审　张多峰

南京大学出版社

图书在版编目(CIP)数据

建筑制图与识图习题集 / 吴伟,刘洋,吴俊主编
—2版. — 南京:南京大学出版社,2016.8(2021.7重印)
高职高专"十三五"规划教材. 土建专业
ISBN 978-7-305-17391-2

Ⅰ. ①建… Ⅱ. ①吴… ②刘… ③吴… Ⅲ. ①建筑制
图—高等职业教育—习题集 Ⅳ. ①TU204.2-44

中国版本图书馆 CIP 数据核字(2016)第 192483 号

内容提要

本习题集与南京大学出版社出版的邓建平、张多峰主编《建筑制图与识图》配套使用。

本习题集的编写顺序与配套教材一致,内容包括:制图基本知识;绘制物体三视图;绘制正等轴测图和斜二轴测图;识读组合体三视图;建筑形体图示表达;识读和绘制房屋建筑施工图、房屋结构施工图、房屋基础施工图、钢结构图、室内给排水施工图等。

本书适合作为高等职业院校建筑工程类专业的教材,也可作为建筑工程相关从业人员的自学用书。

出版发行	南京大学出版社
社　　址	南京市汉口路 22 号　　邮　编　210093
出 版 人	金鑫荣

书　　名　**建筑制图与识图习题集(第二版)**
主　　编　吴　伟　刘洋　吴　俊
责任编辑　王抗战　　　　编辑热线　025-83597087
照　　排　南京南琳图文制作有限公司
印　　刷　常州市武进第三印刷有限公司
开　　本　787×1092　1/16　印张 13.75　字数 174 千
版　　次　2016 年 8 月第 2 版　2021 年 7 月第 7 次印刷
ISBN 978-7-305-17391-2
定　　价　32.00 元

网址:http://www.njupco.com
官方微博:http://weibo.com/njupco
微信服务号:njuyuexue
销售咨询热线:(025)83594756

微信扫码购买本书

前　言

本习题集与南京大学出版社出版的《建筑制图与识图》配套使用。习题集在编写过程中，积极贯彻教育部《关于全面提高高等职业教育教学质量的若干意见》的精神，依据专业人才培养方案的基本要求，适应"任务驱动，教、学、做一体化"的课程教学模式，突出学生实践能力培养。

教师可根据教学学时酌情安排习题量，也可结合 AutoCAD 完成较复杂的绘图任务。

本教材适合于高等职业学院建筑工程类专业作为教材使用，也可作为建筑工程技术人员的参考用书。

本书由江西建设职业技术学院吴伟、重庆能源职业学院刘洋、江西环境工程职业学院吴俊担任主编，三门峡职业技术学院任非、江西理工大学刘文华担任副主编，山东水利职业学院张多峰担任主审。全书由江西建设职业技术学院吴伟负责统稿。

由于作者水平有限，书中难免存在错误和不当之处，恳请读者批评指正。

编　者

2016 年 5 月

目 录

项目一　建筑制图基本知识

| 1－1　绘制标准图线 | 班级 | | 姓名 | | 学号 | | 页次 | 1 |

1.

2.

1. 注出尺寸数字（直接量取并取整），要求尺寸数字书写规范

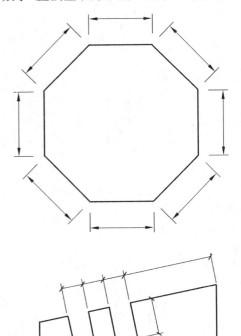

2. 注出角度尺寸（直接量取并取整），要求尺寸要素标注规范

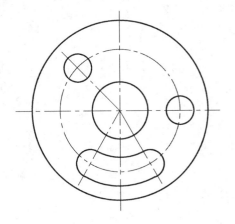

3. 注出圆弧半径尺寸（直接量取并取整数），要求折弯标注

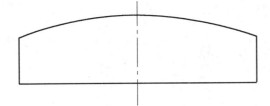

1.

2.

3.

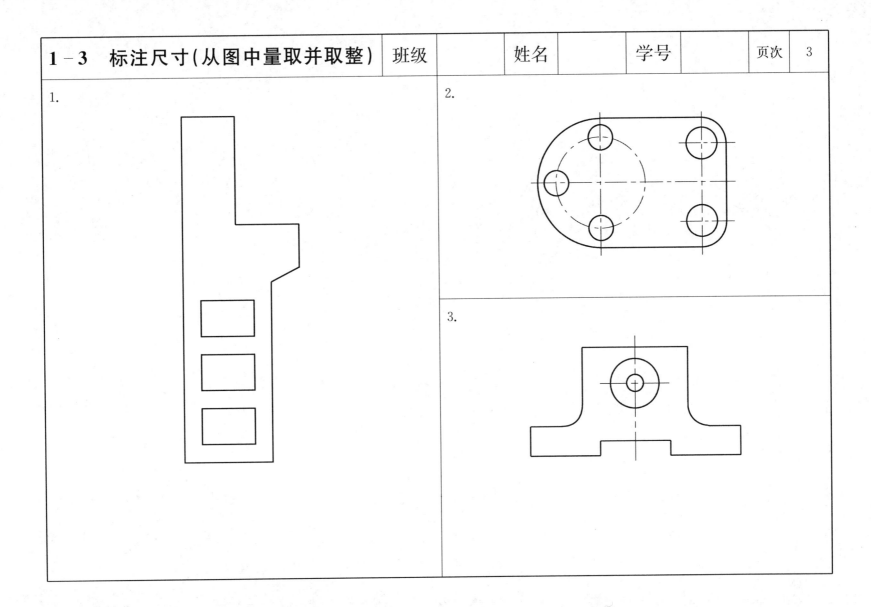

1. 在右边抄画出墙基础立面图形并标尺寸（比例 1∶10）

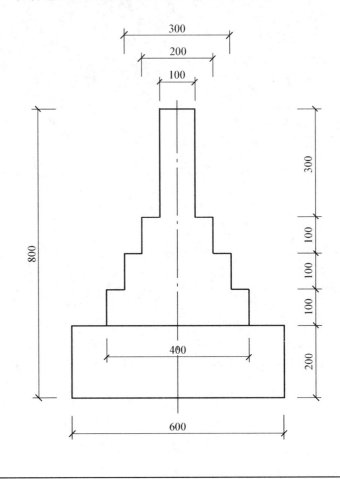

2. 在右边抄画出楼门立面图形并标尺寸(比例1∶10)

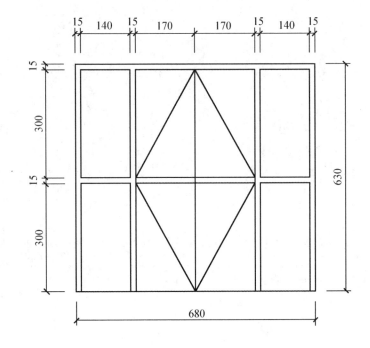

3. 在右边抄画出楼梯立面图形并标尺寸（比例 1：50）

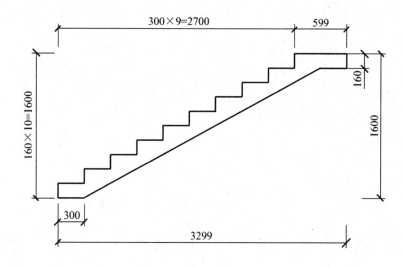

4. 在右边抄画出楼梯平面图形并标尺寸(比例 1：50)

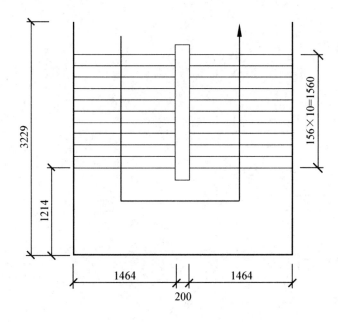

1-5　正多边形绘图	班级	姓名	学号	页次	8

1. 画出外接圆直径为 50 的正六边形

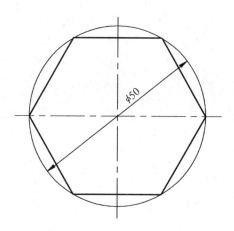

2. 画出两角距离为 30 的正五角星

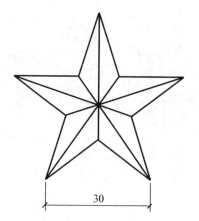

3. 绘制花窗的平面图形(比例1∶20)

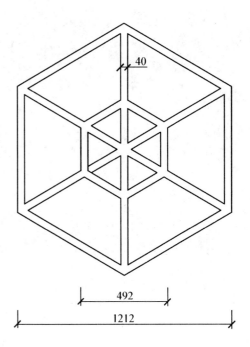

4. 绘制通风窗的平面图形(比例 1：20)

1. 画出椭圆图形(比例 1 : 20)

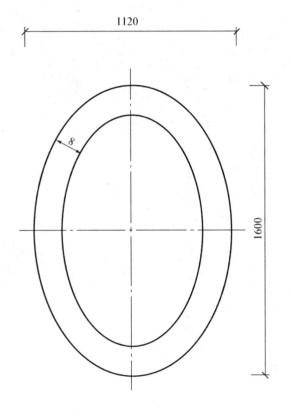

3. 绘制景观桥立面图(比例 1:20)

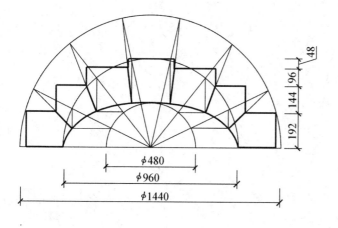

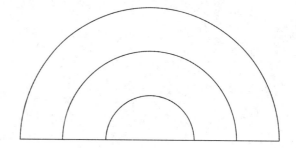

1. 已知圆弧连接图形如左图所示,连接圆弧半径为R,在右边画出该图形

R

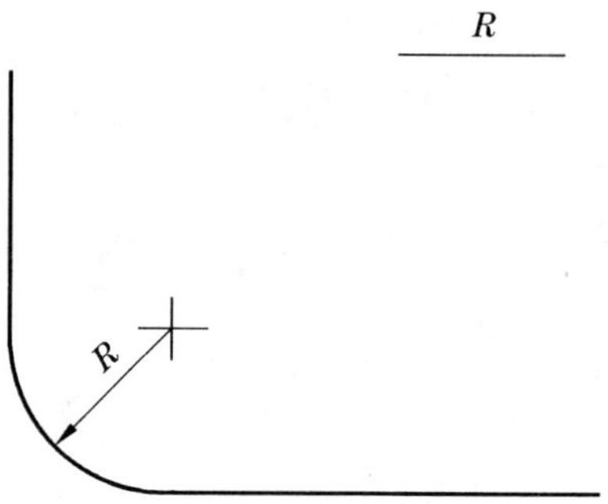

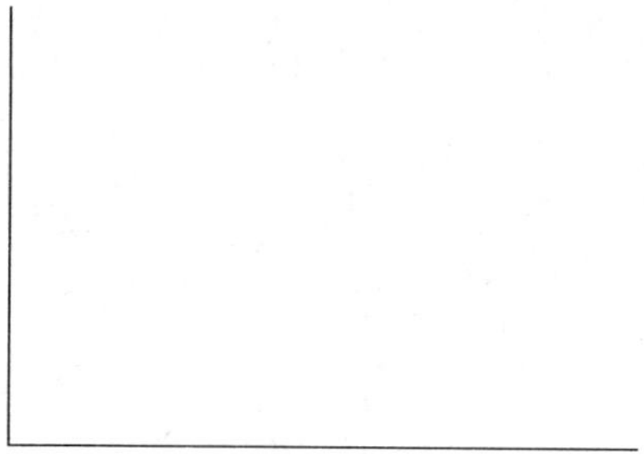

2. 已知圆弧连接图形如左图所示,连接圆弧半径为R,在右边画出该图形

R

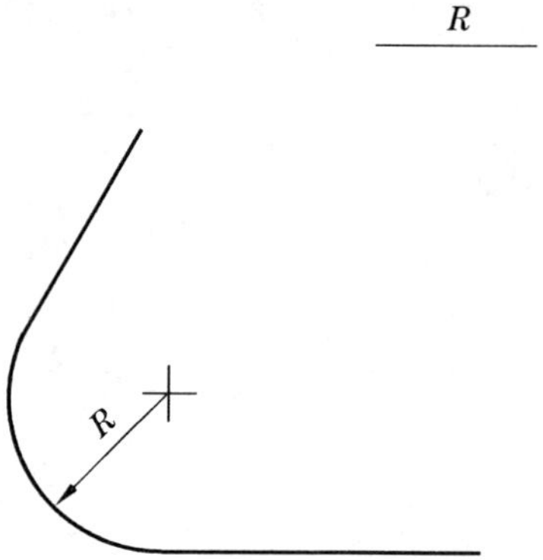

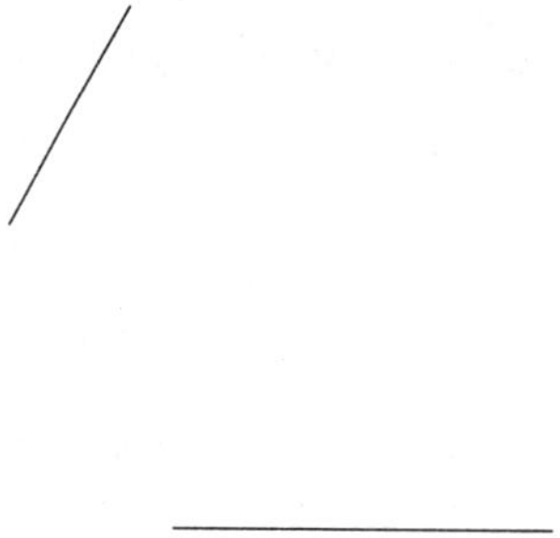

3. 画出圆角矩形的平面图形

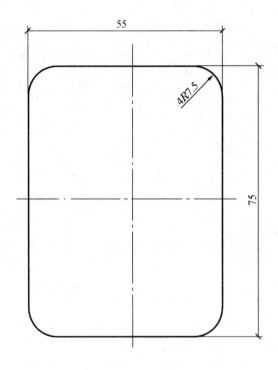

4. 画出工字钢的立面图形(比例 1：20)

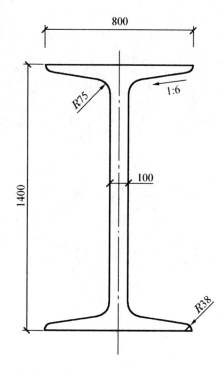

5. 已知圆弧连接图形如左图所示,连接圆弧半径为 R,在右边画出该图形

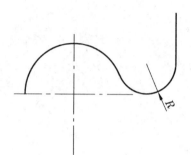

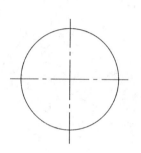

6. 已知圆弧连接图形如左图所示,连接圆弧半径为 R,在右边画出该图形

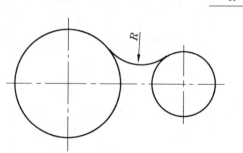

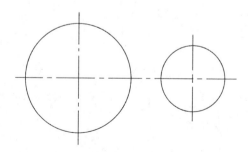

7. 已知圆弧连接图形如左图所示，连接圆弧半径为 R_1、R_2，在右边画出该图形

R_1

R_2

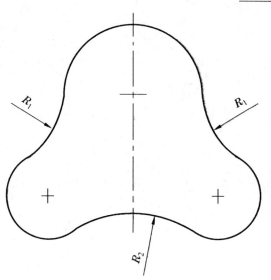

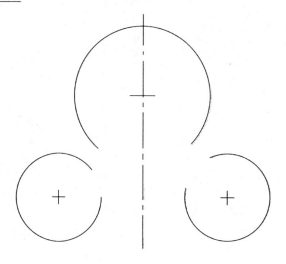

8. 已知圆弧连接图形如左图所示,连接圆弧半径为 R,在右边画出该图形

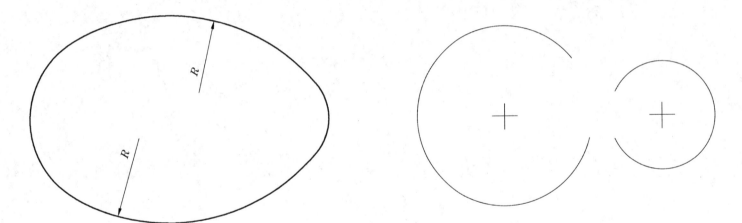

R

9. 在下边抄画出手柄的平面图形

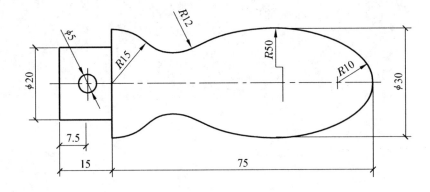

项目二　绘制物体的三视图

2-1　画单面投影图并填空	班级		姓名		学号		页次	20

1. 例题

P 平面 __平行__ 于投影面，投影 __反映实形__

Q 平面 __垂直__ 于投影面，投影 __积聚成直线__

AB 直线 __平行__ 于投影面，投影 __反映实长__

2.

P 平面_____于投影面，投影_____

Q 平面_____于投影面，投影_____

AB 直线_____于投影面，投影_____

3.

P 平面_____于投影面，投影_____

Q 平面_____于投影面，投影_____

AB 直线_____于投影面，投影_____

4.

P 平面_____于投影面，投影_____

Q 平面_____于投影面，投影_____

AB 直线_____于投影面，投影_____

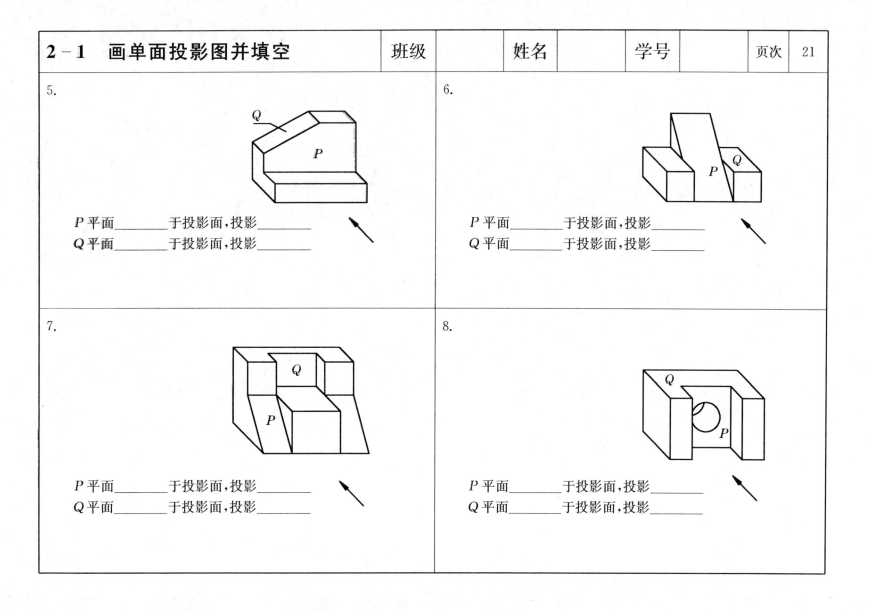

5.

P 平面_____于投影面,投影_____

Q 平面_____于投影面,投影_____

6.

P 平面_____于投影面,投影_____

Q 平面_____于投影面,投影_____

7.

P 平面_____于投影面,投影_____

Q 平面_____于投影面,投影_____

8.

P 平面_____于投影面,投影_____

Q 平面_____于投影面,投影_____

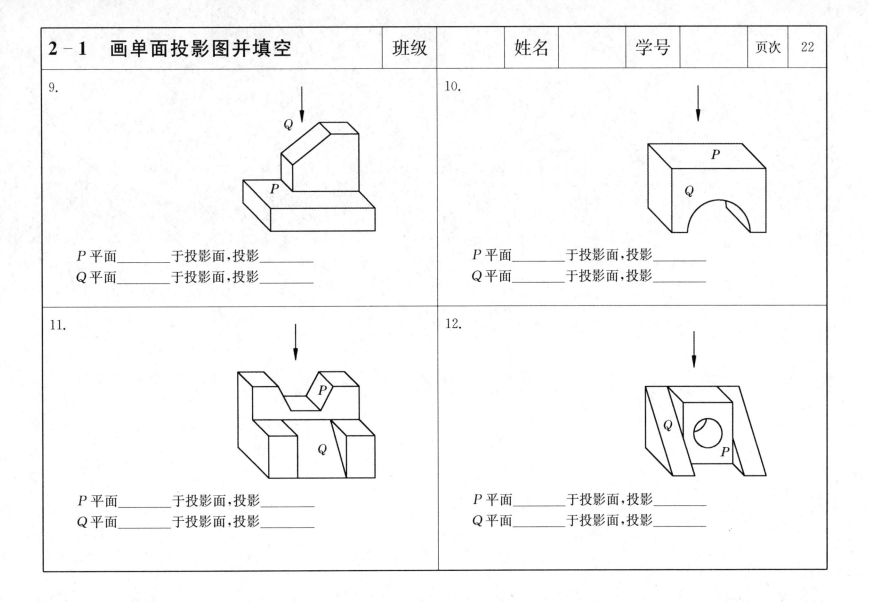

9.

P 平面_____于投影面,投影_____
Q 平面_____于投影面,投影_____

10.

P 平面_____于投影面,投影_____
Q 平面_____于投影面,投影_____

11.

P 平面_____于投影面,投影_____
Q 平面_____于投影面,投影_____

12.

P 平面_____于投影面,投影_____
Q 平面_____于投影面,投影_____

1.

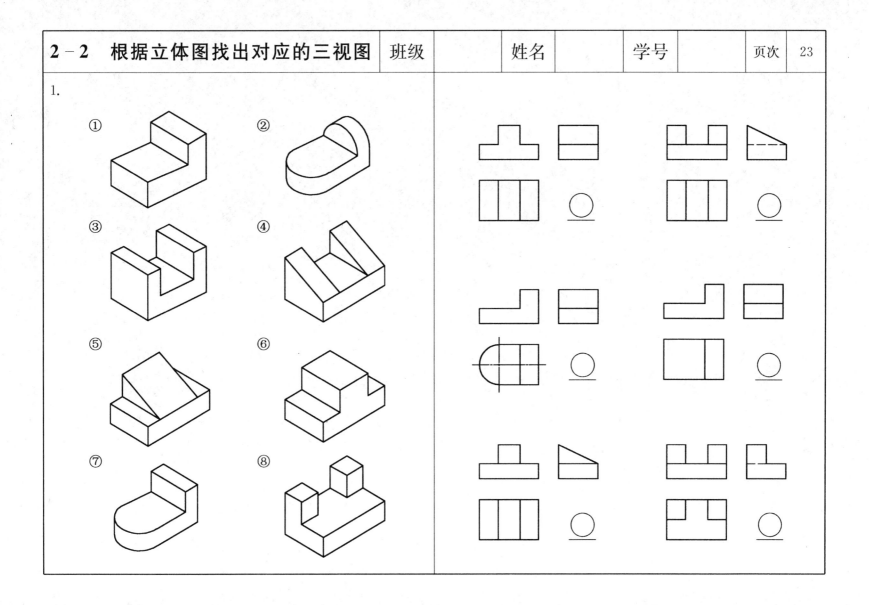

2.

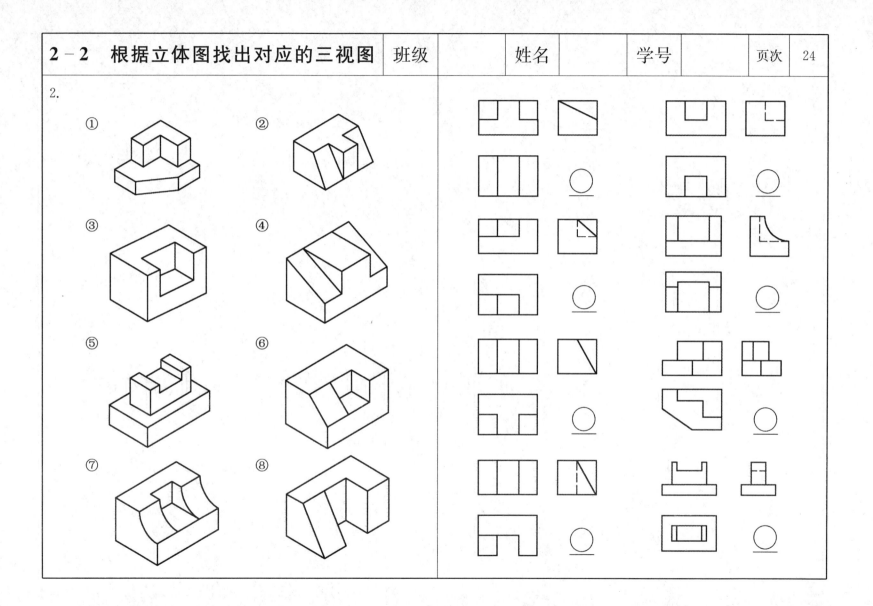

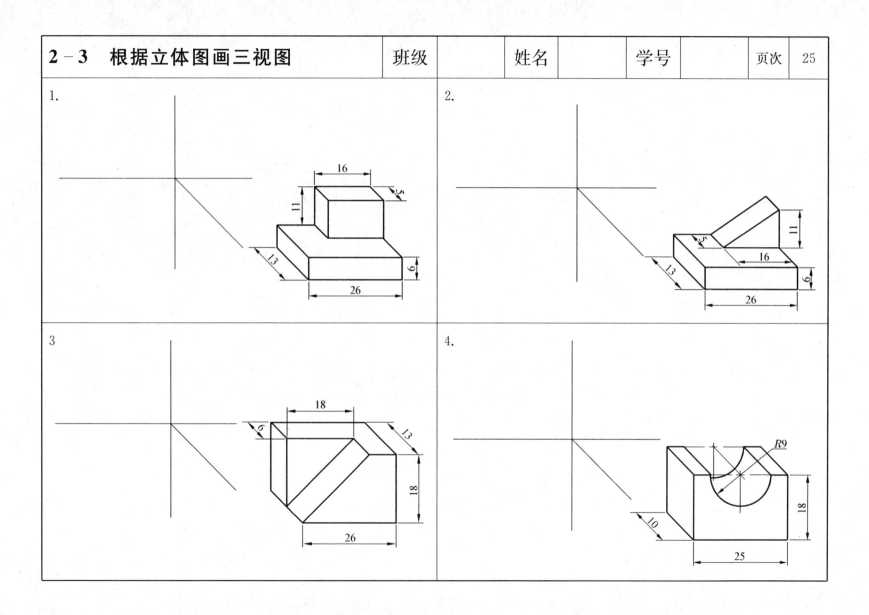

1.

2.

3

4.

5.

6.

7.

8.

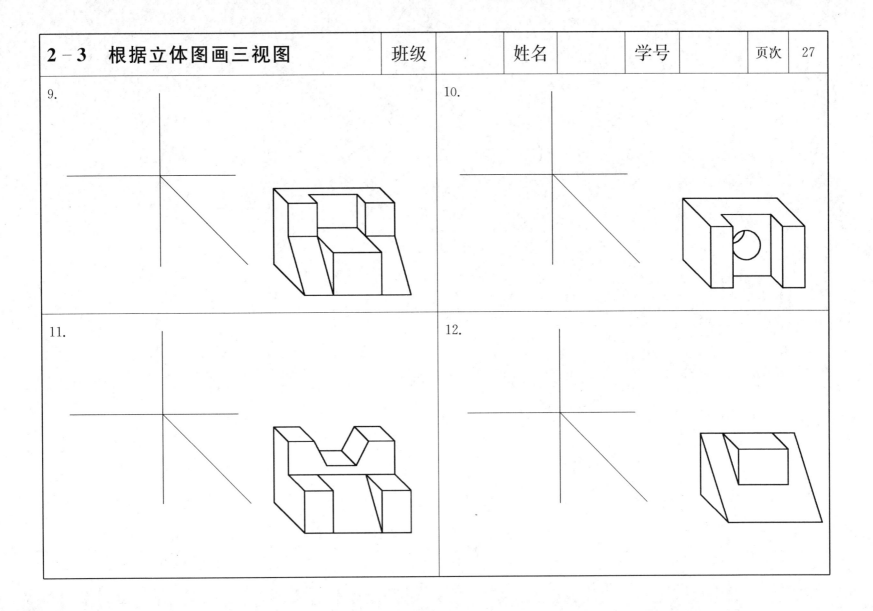

9.

10.

11.

12.

2－4 根据两视图选择正确的俯视图	班级		姓名		学号		页次	28

1.

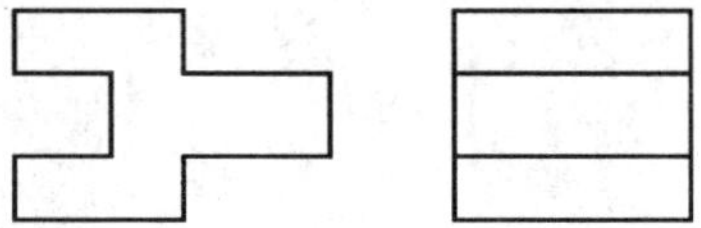

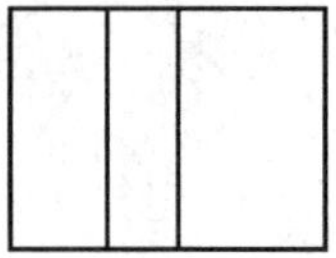

① ______

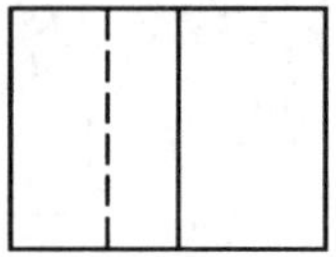

② ______

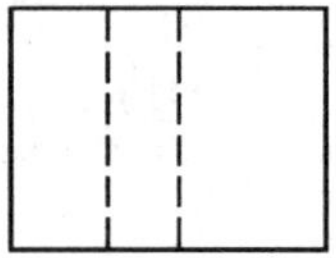

③ ______

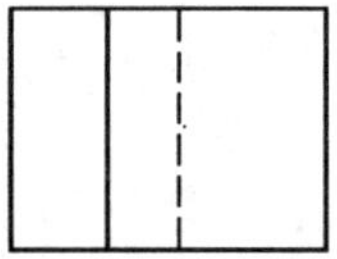

④ ______

2.

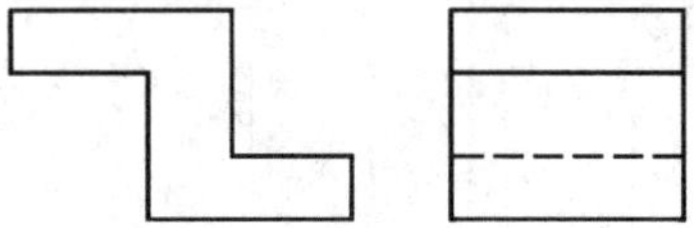

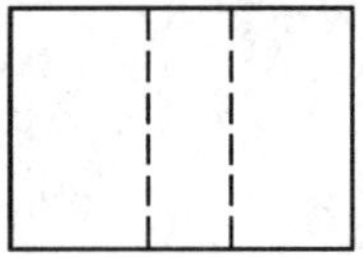

① ______

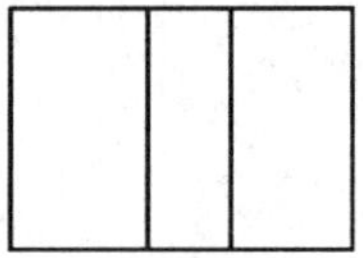

② ______

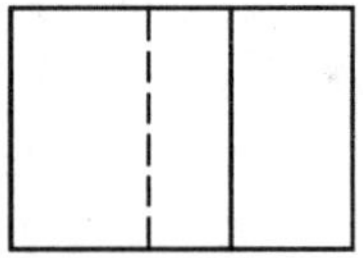

③ ______

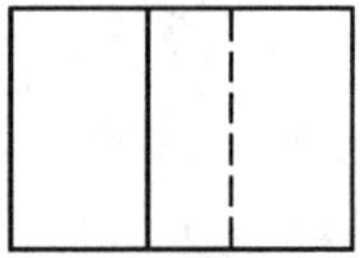

④ ______

3.

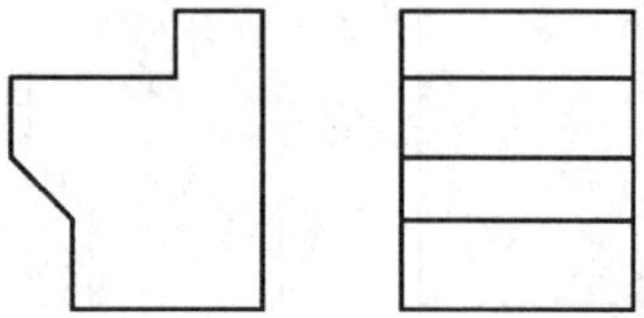

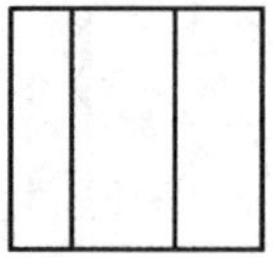

① ______

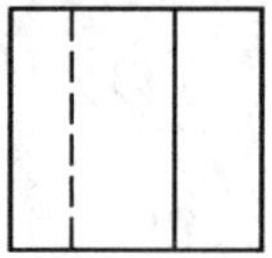

② ______

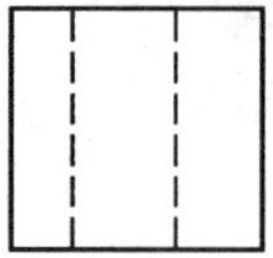

③ ______

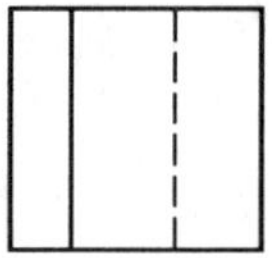

④ ______

1. 已知正六棱柱高 20,完成其三视图

2. 已知直五棱柱高 20,完成其三视图

3. 已知三棱锥高 20,完成其三视图

4. 已知正四棱锥高 20,完成其三视图

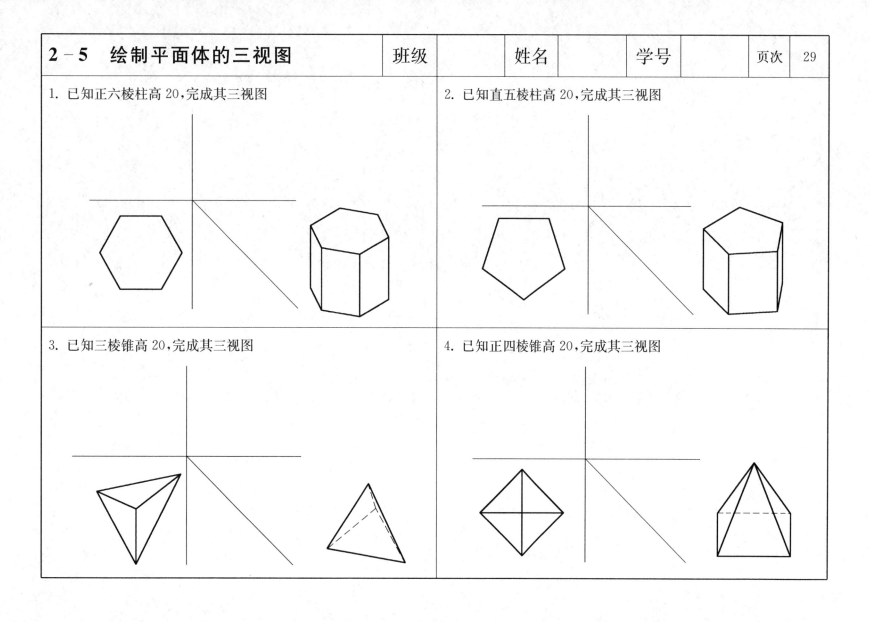

5. 画出四棱锥的左视图

6. 画出四棱锥台的俯视图

7. 画出四棱锥台形体的俯视图

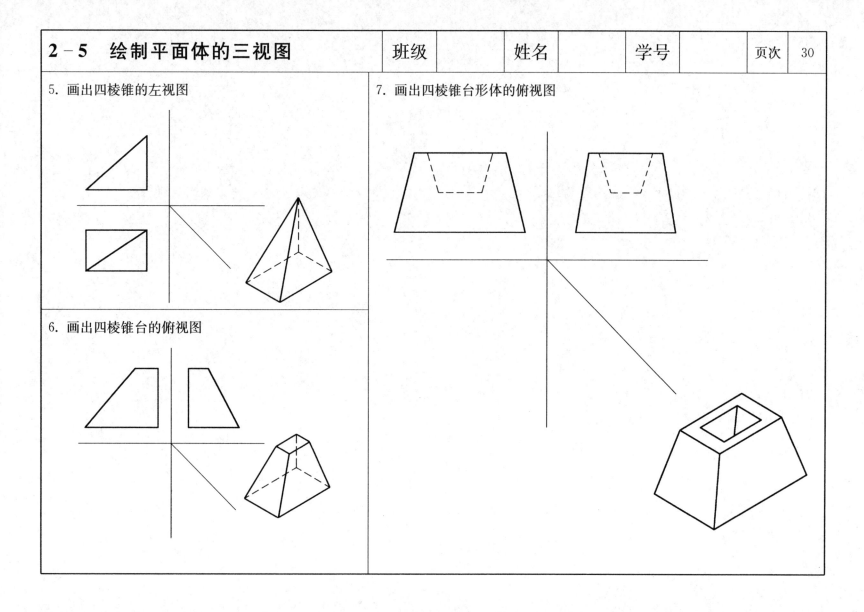

1. 已知空心圆柱高20,完成其三视图

2. 已知圆锥台高20,完成其三视图

3. 已知圆锥台高20,完成其三视图

4. 已知圆球与圆柱连接体的正面投影,完成其三视图

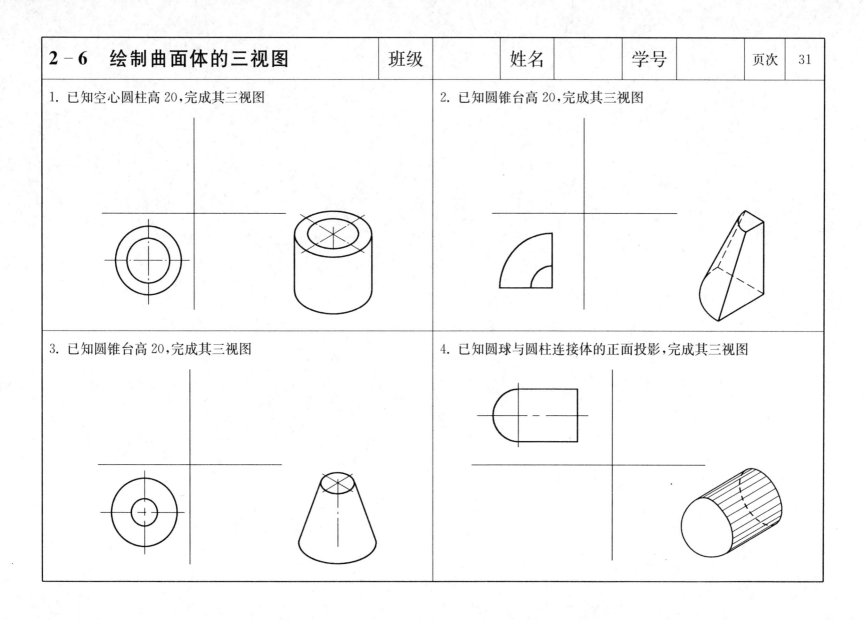

1.

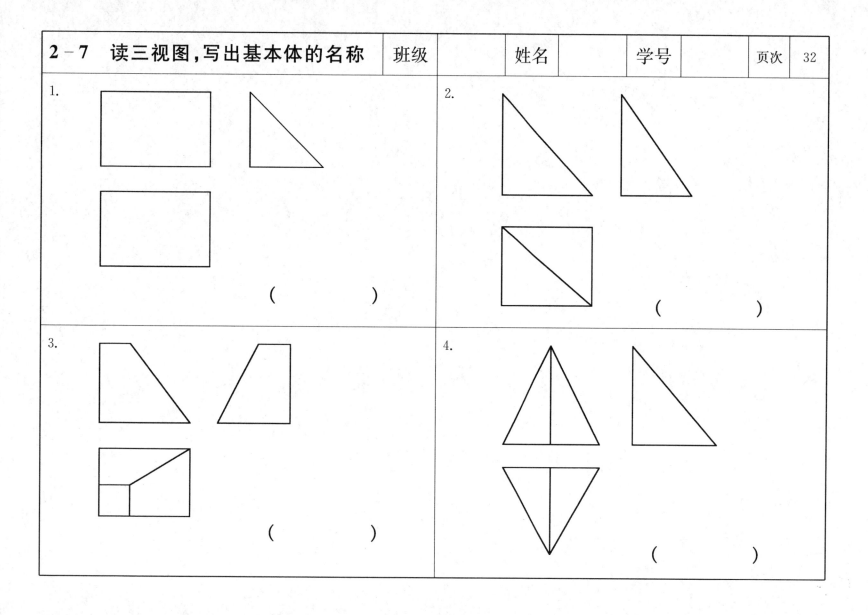

（　　　　）

2.

（　　　　）

3.

（　　　　）

4.

（　　　　）

1.

2.

3.

4.

1.

2.

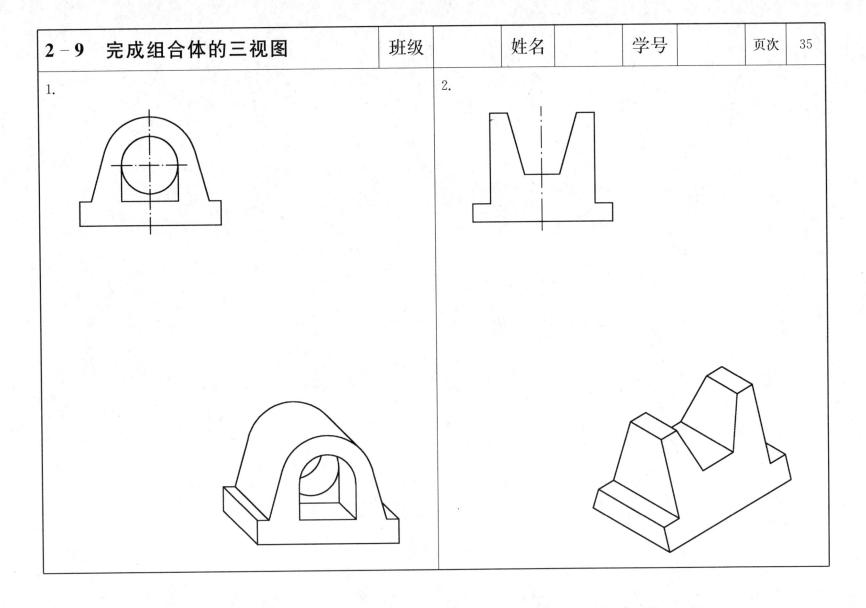

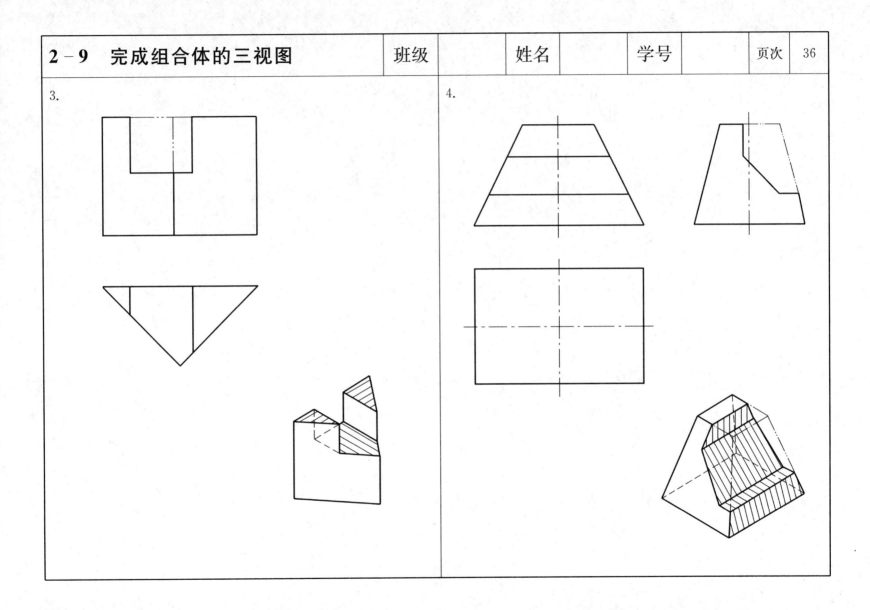

3.

4.

5.

6.

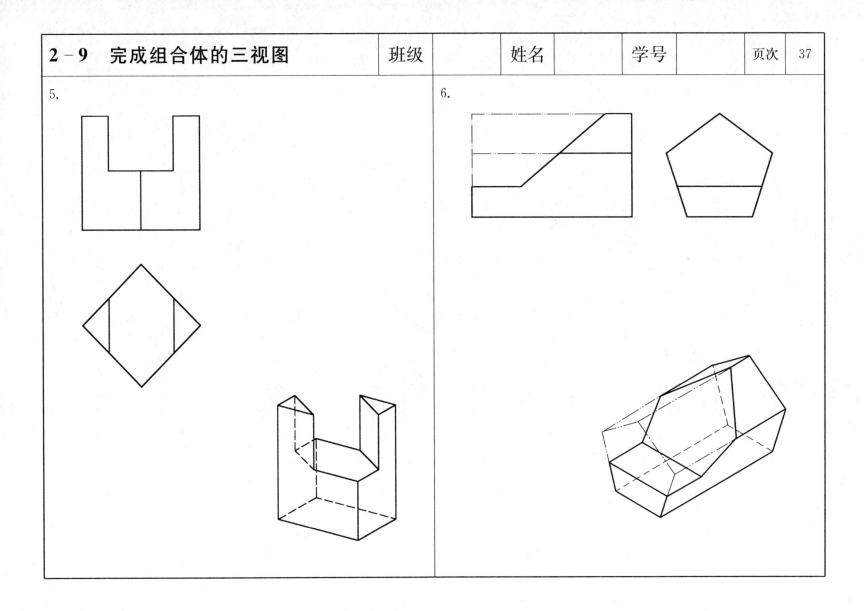

1.

2.

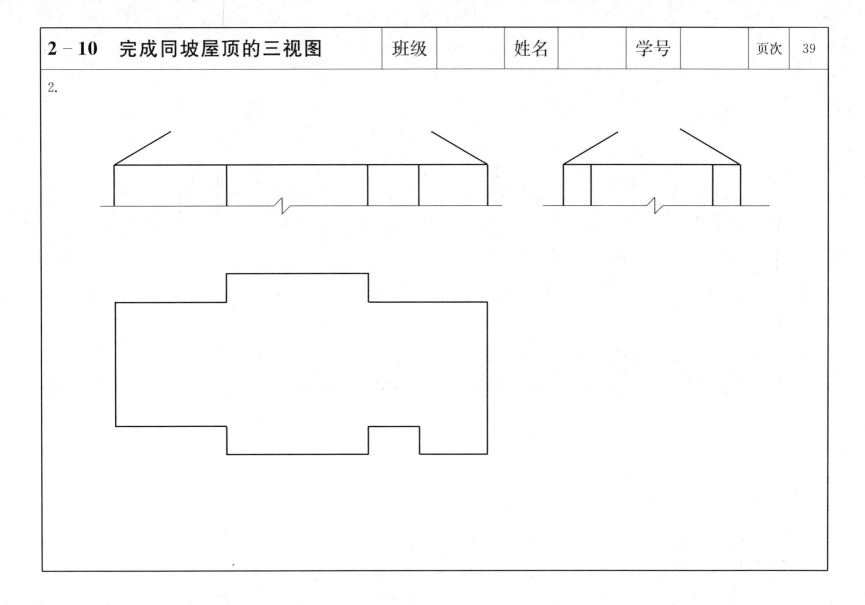

项目三 绘制物体的轴测图

| 3-1 根据三视图绘制正等轴测图 | 班级 | | 姓名 | | 学号 | | 页次 | 40 |

1.

2.

3.

4.

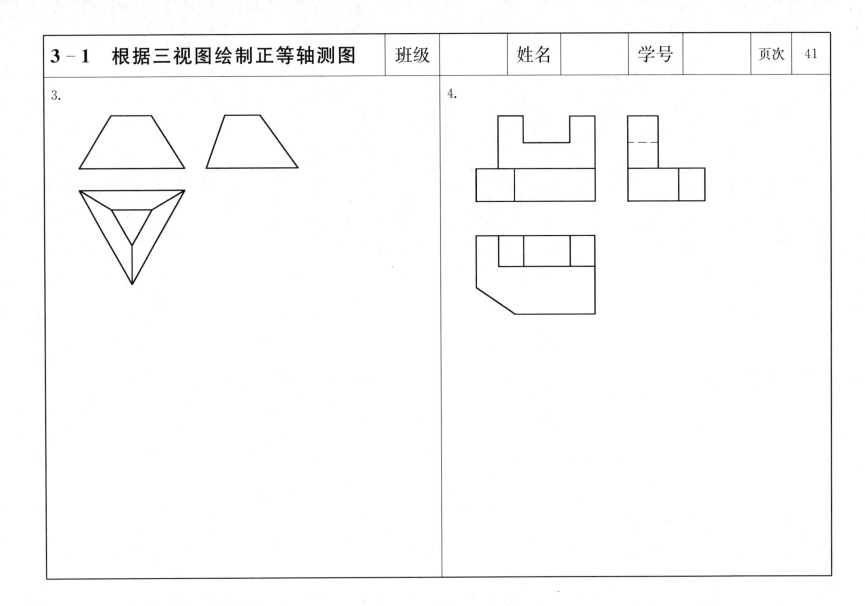

5.

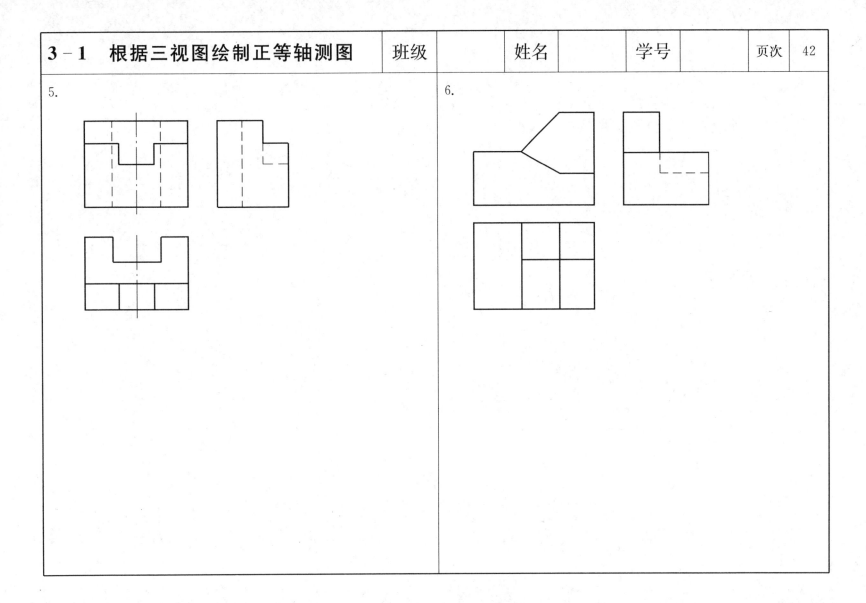

6.

7.

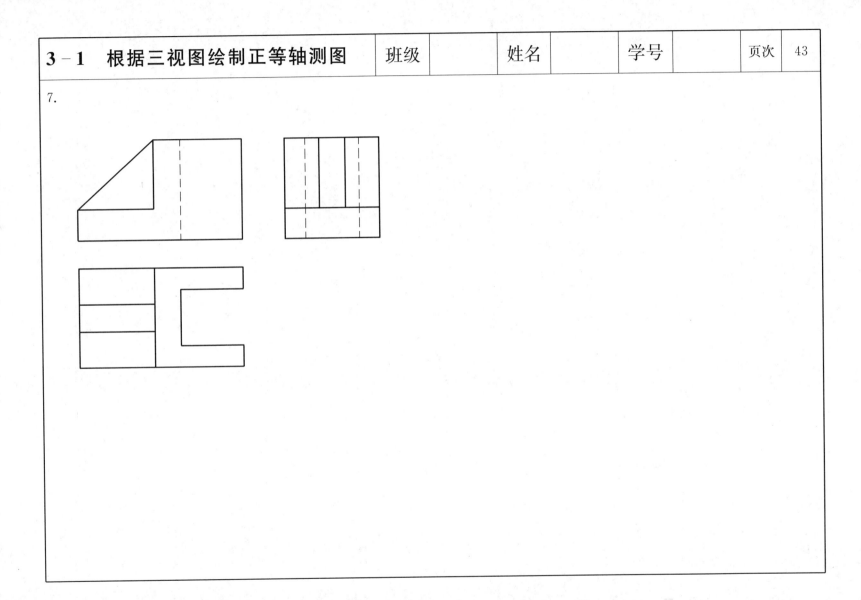

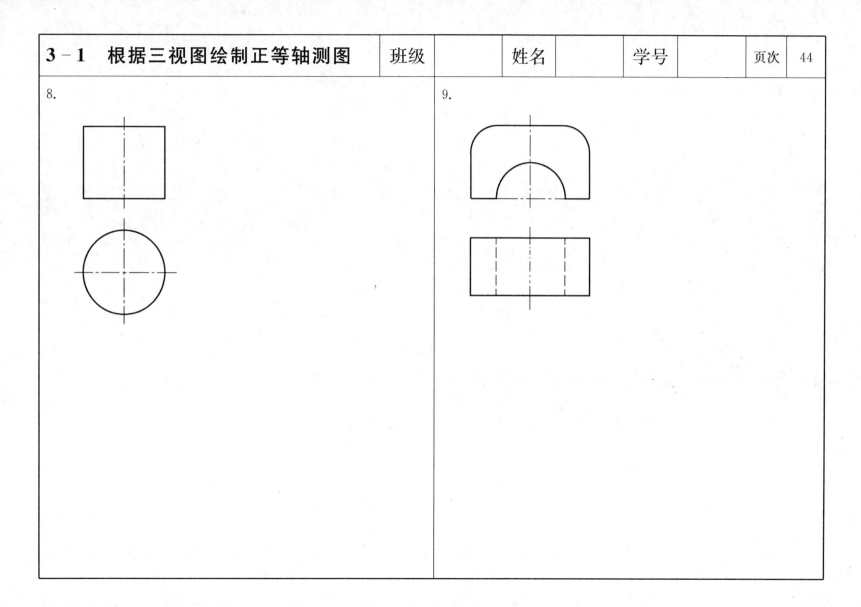

8.

9.

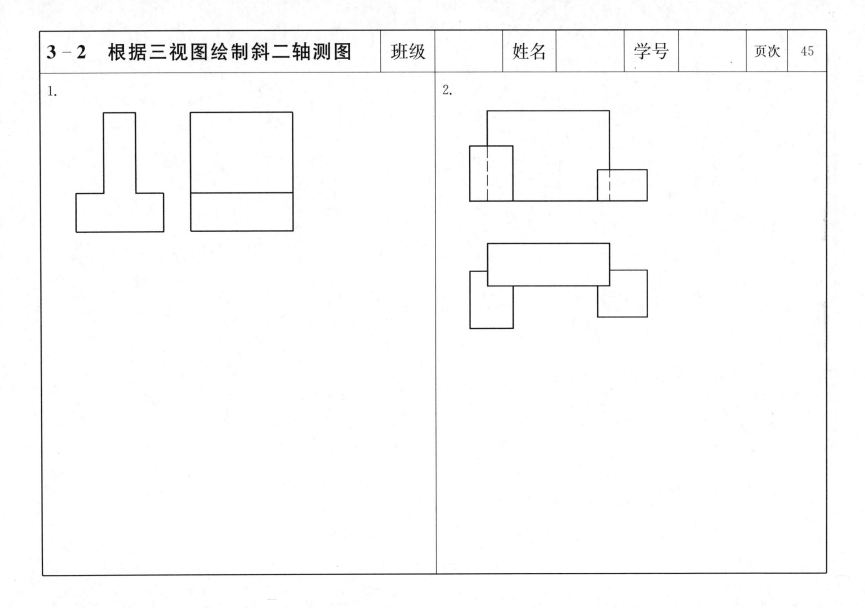

1.

2.

3.

4.

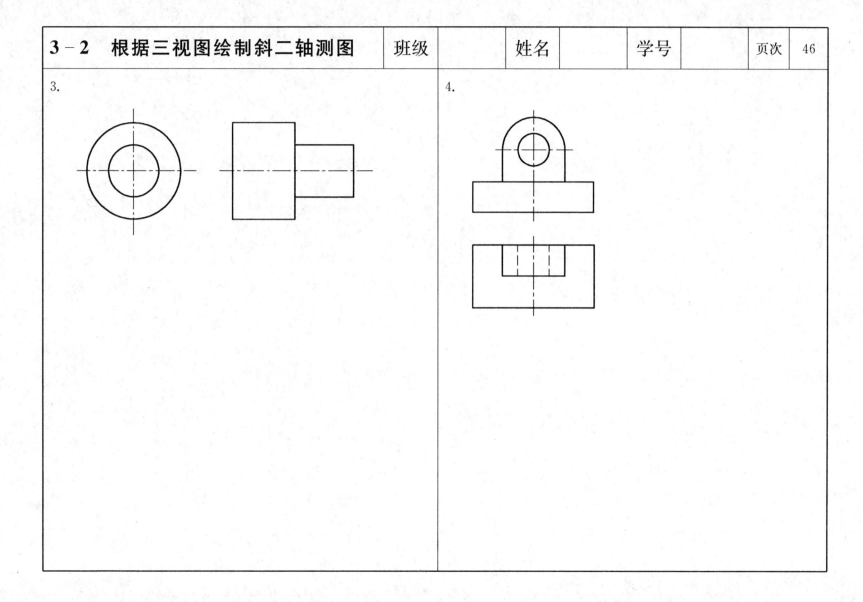

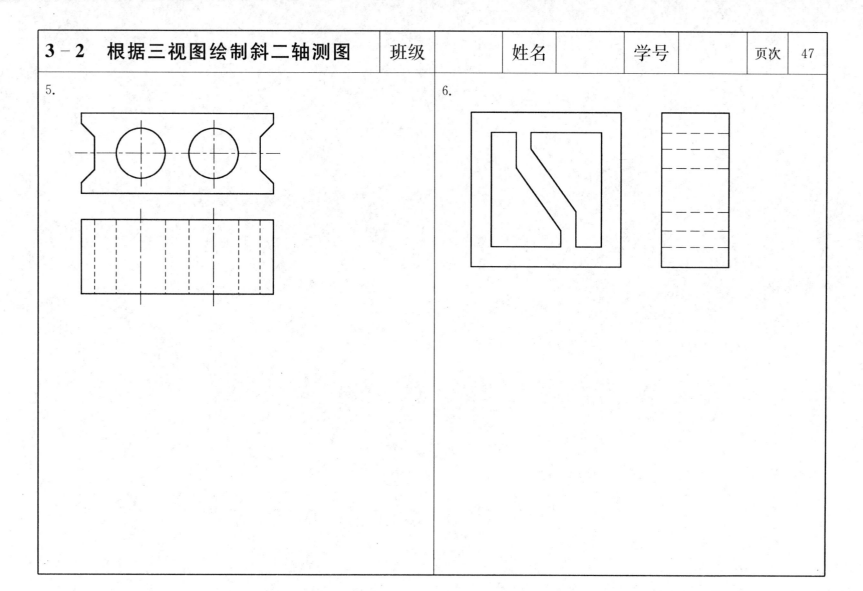

5.

6.

1.

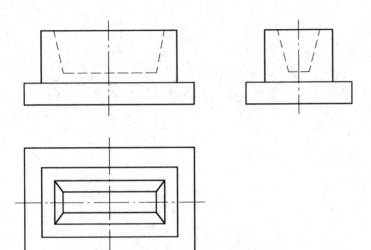

2.

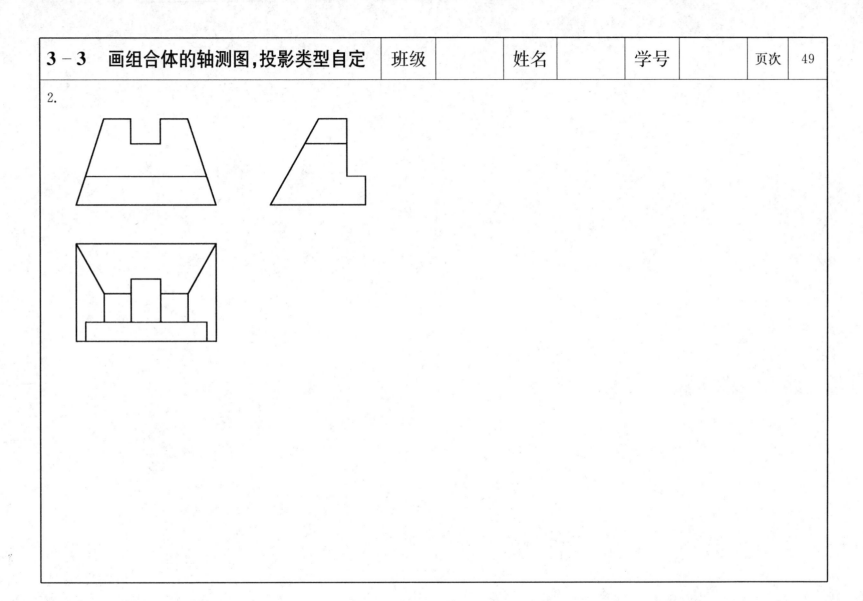

3.

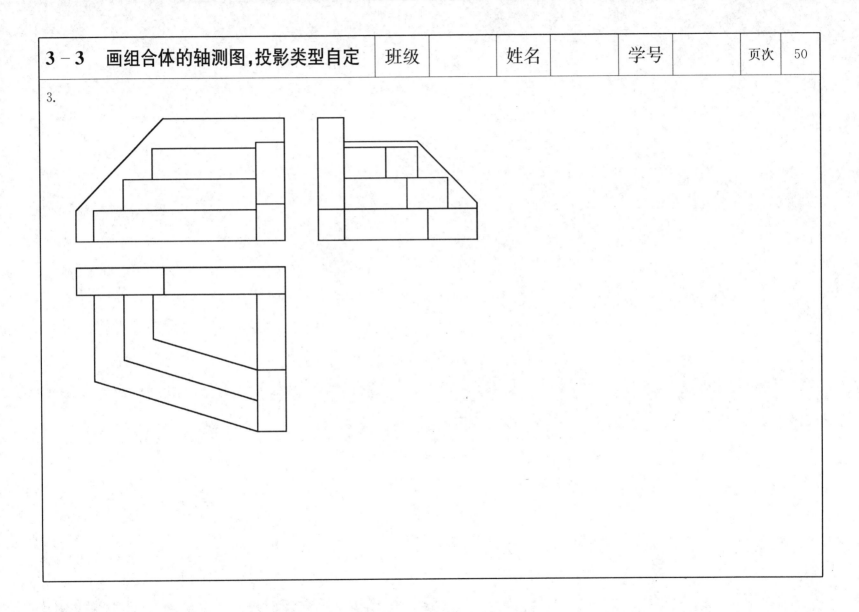

项目四 组合体视图识读训练

| 4-1　根据一面视图构思形体 | 班级 | 姓名 | 学号 | 页次 | 51 |

1. 对应主视图构思形体,画出俯、左视图

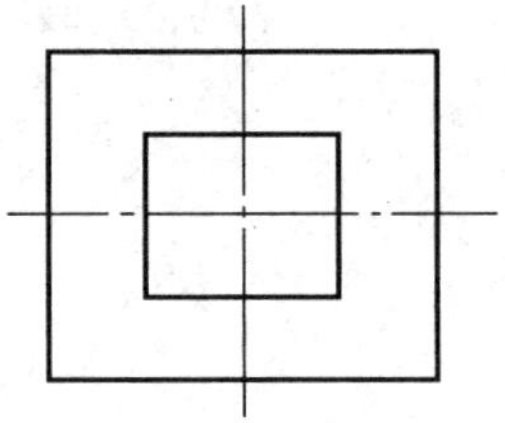

2. 对应俯视图构思形体,画出主、左视图

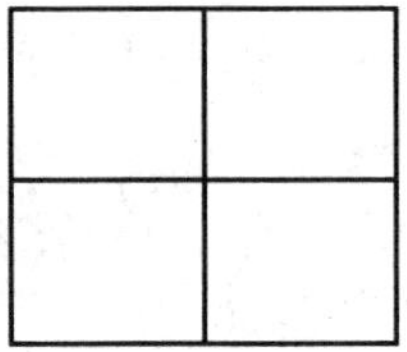

3. 对应俯视图构思形体,画出主、左视图

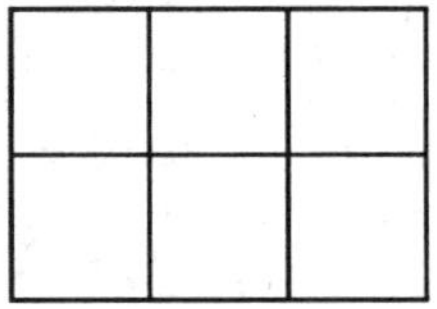

4. 对应俯视图构思形体,画出主、左视图

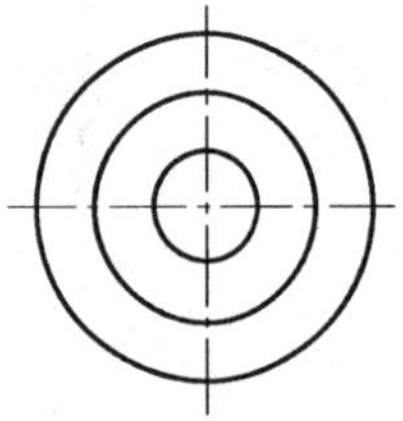

4－2　根据两面视图构思形体	班级		姓名		学号		页次	52

1. 构思形体画出两个左视图

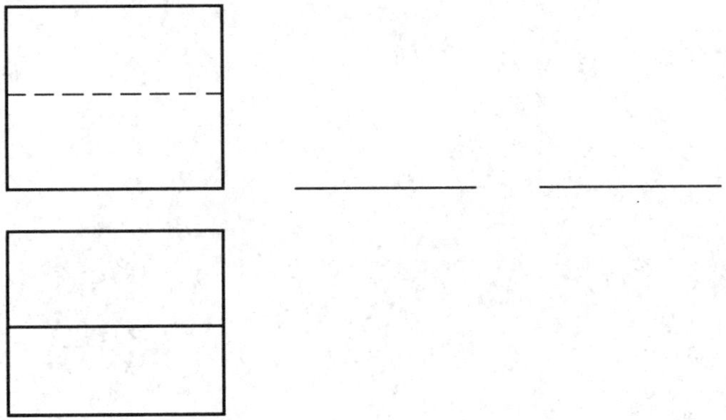

2. 构思形体画出两个左视图

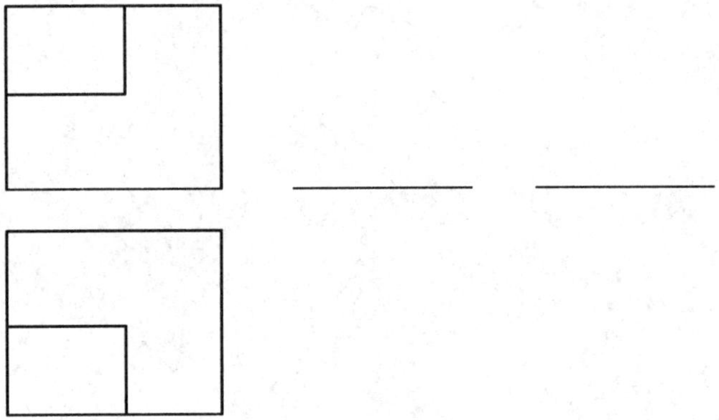

3. 构思形体画出两个主视图

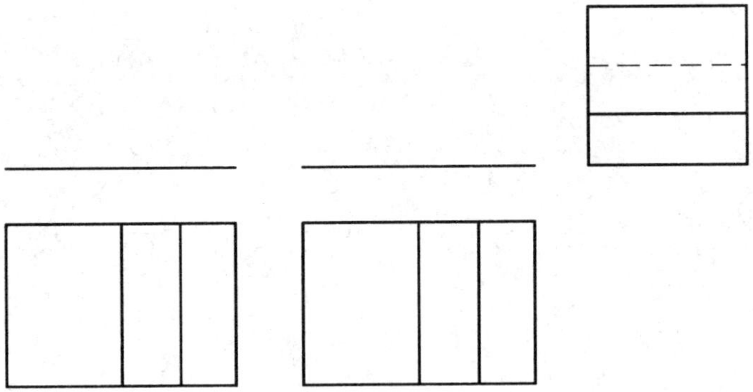

4. 构思形体画出两个主视图

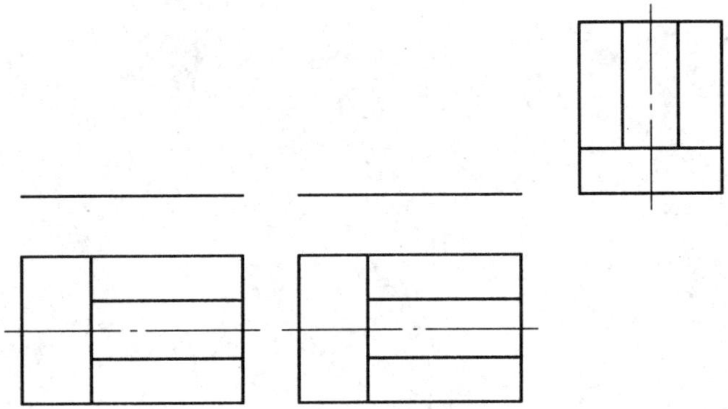

1.

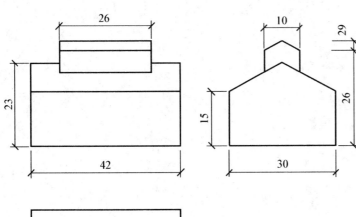

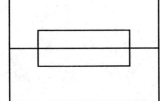

2.

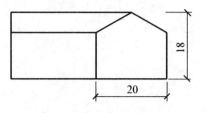 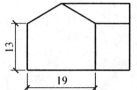

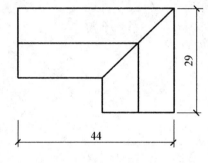

3.

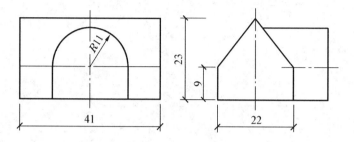

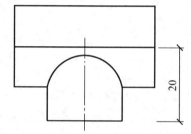

4.

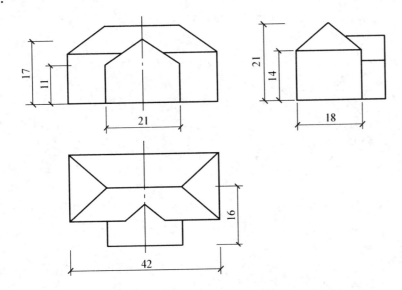

1.

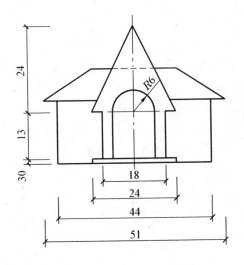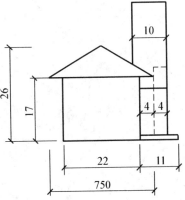

2.

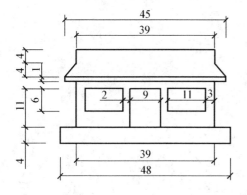 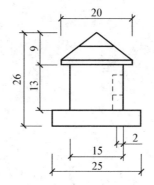

1.

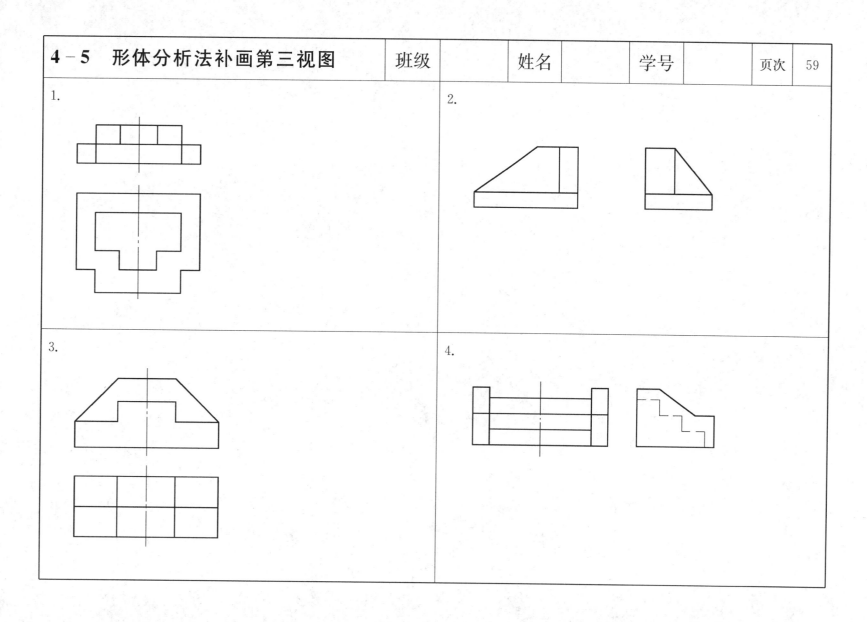

2.

3.

4.

5.

6.

7.

8.

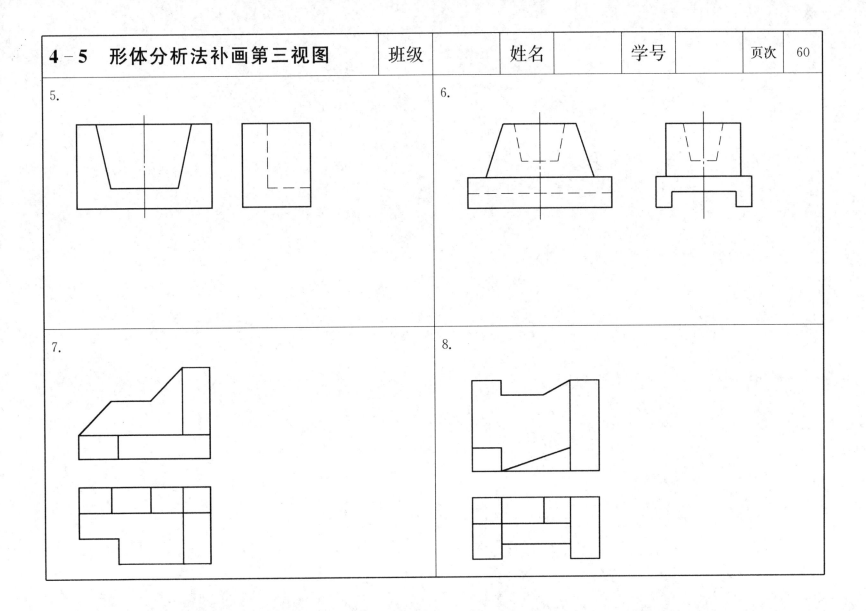

1.

2.

3.

4.

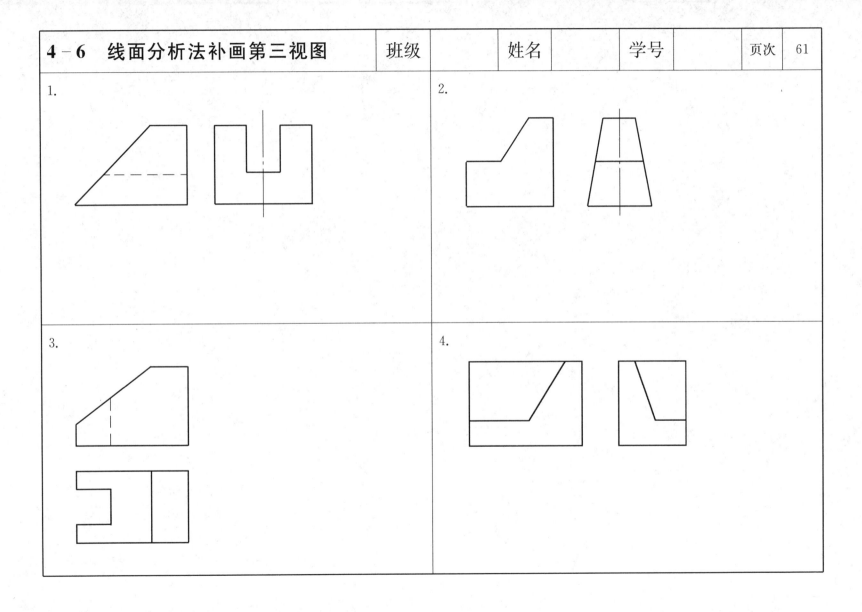

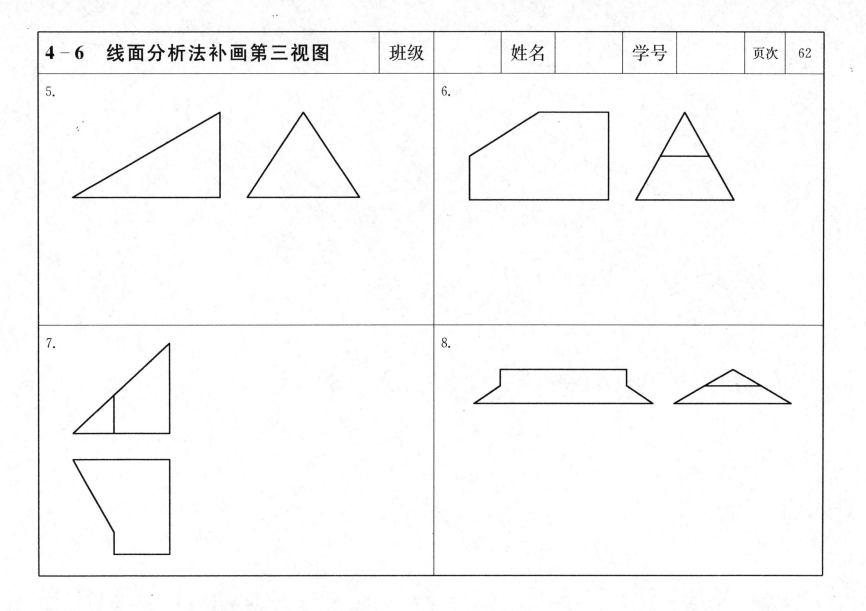

5.

6.

7.

8.

9.

10.

11.

12.

1.

2.

3.

4.

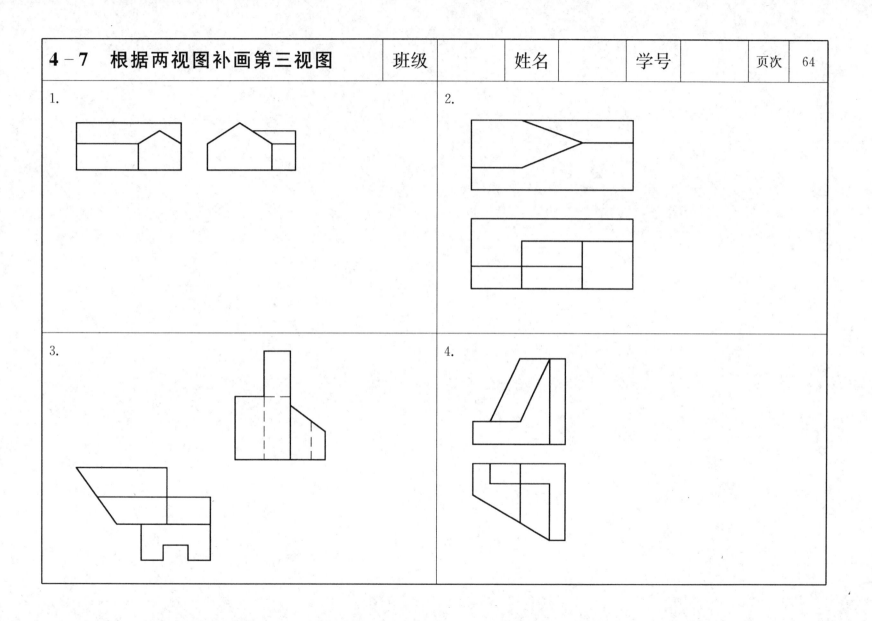

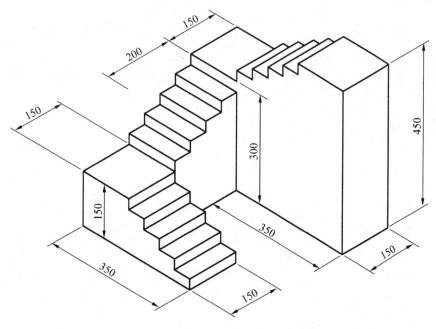

楼梯宽150,平台150×150
踏步高30、宽50

5-2　选择正确的视图	班级		姓名		学号		页次	66

1. 选择正确的右视图(　)

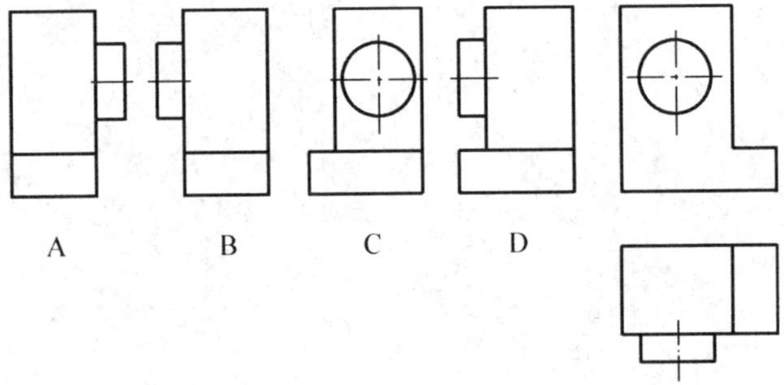
A
B
C
D

2. 选择正确的 A 向视图(　)

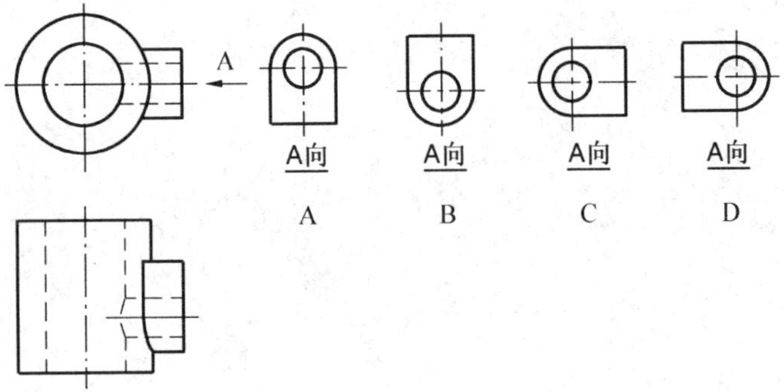
A
A向
A向
A向
A向
A
B
C
D

3. 选择正确的 A 向视图(　)

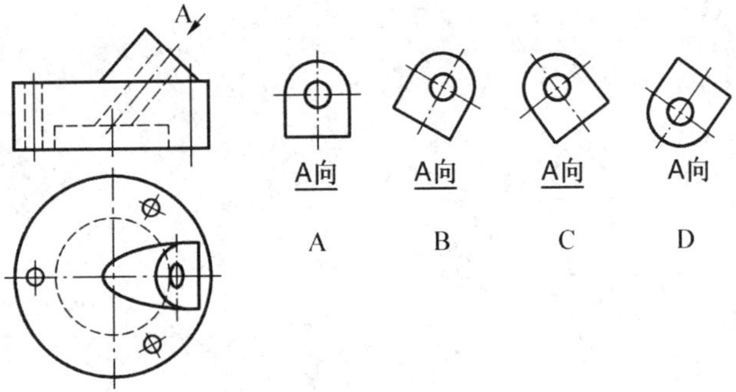
A
A向
A向
A向
A向
A
B
C
D

4. 选择正确的 A 向视图(　)

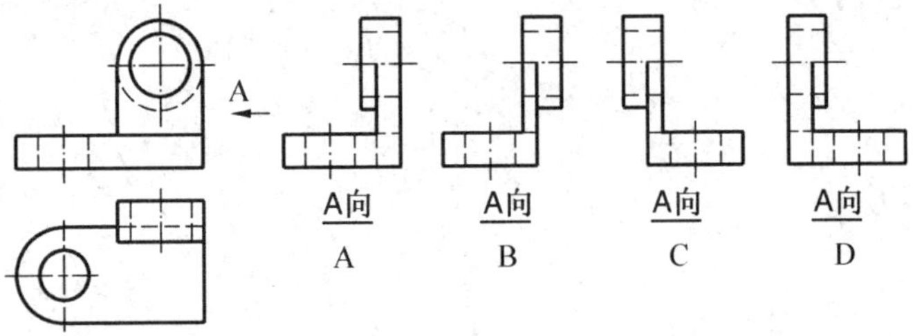
A
A向
A向
A向
A向
A
B
C
D

1. 正确（　　）

2. 正确（　　）

3. 正确（　　）

4. 正确（　　）

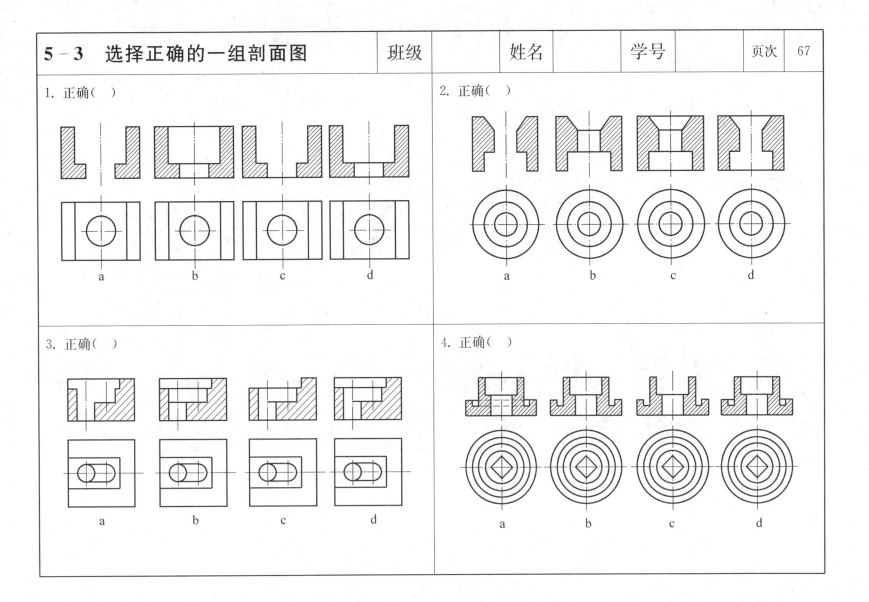

1. 画出 1－1 全剖面图

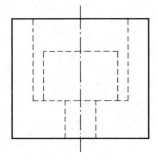

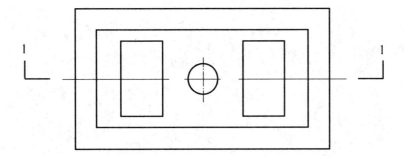

2. 画出 2－2、3－3 全剖面图

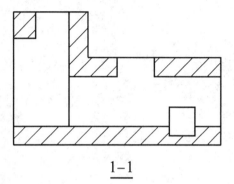

1-1

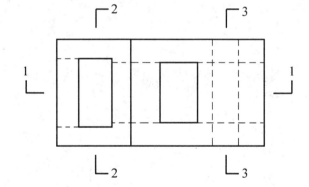

3. 作形体的 2－2 全剖面图(材料:混凝土)

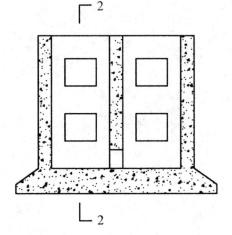

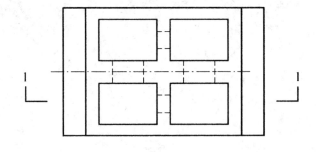

4. 画出 1-1 半剖面图

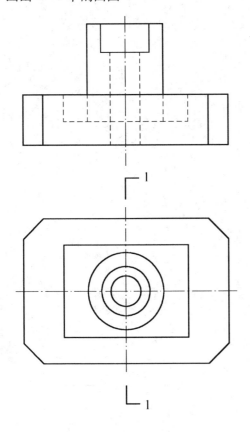

5. 作形体的 1－1 半剖面图（材料：混凝土）

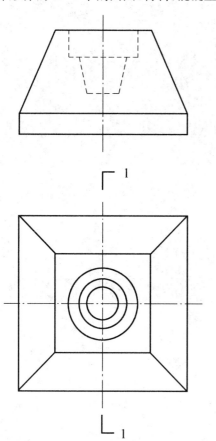

6. 在右边将主、俯视图改画为合理的局部剖面图

7. 画出 1-1 阶梯剖面图（材料：混凝土）

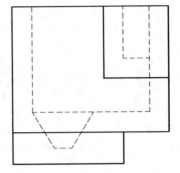

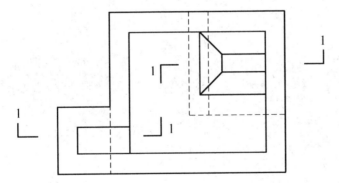

8. 画出 2－2 全剖视图（材料：混凝土）

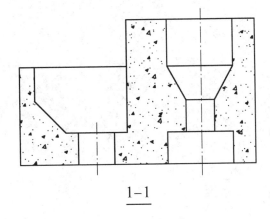

1－1

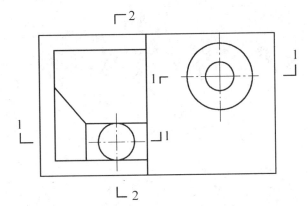

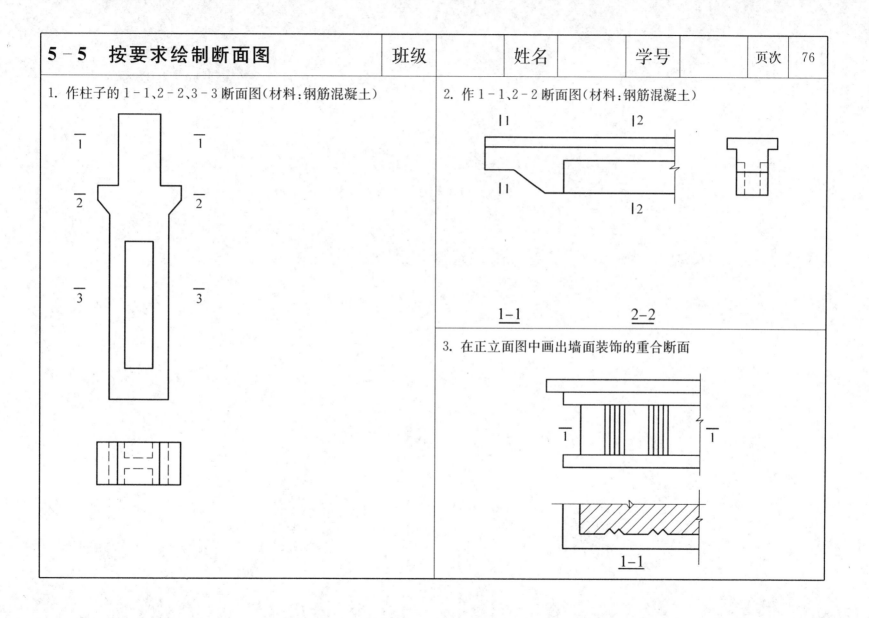

| 5-5 | 按要求绘制断面图 | 班级 | | 姓名 | | 学号 | | 页次 | 76 |

1. 作柱子的 1-1、2-2、3-3 断面图（材料：钢筋混凝土）

2. 作 1-1、2-2 断面图（材料：钢筋混凝土）

1-1   2-2

3. 在正立面图中画出墙面装饰的重合断面

1-1

1. 画出门口外墙的 2－2 剖面图(雨蓬宽度同顶级台阶)

2-2

1-1

2. 画出建筑形体的 3－3 剖面图

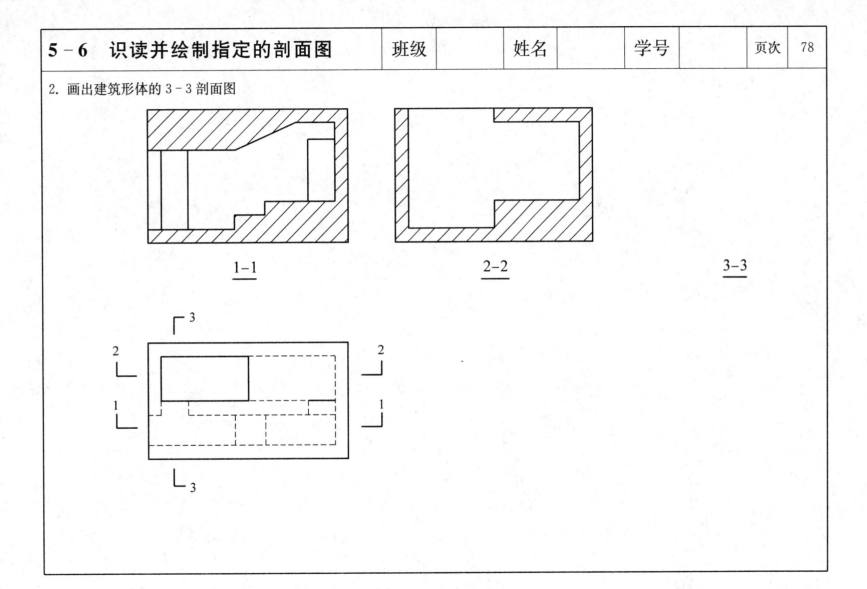

1-1

2-2

3-3

5－6　识读并绘制指定的剖面图	班级		姓名		学号		页次	79

3. 在右边画出形体的 1－1、2－2、3－3 全剖面图(材料:砖)

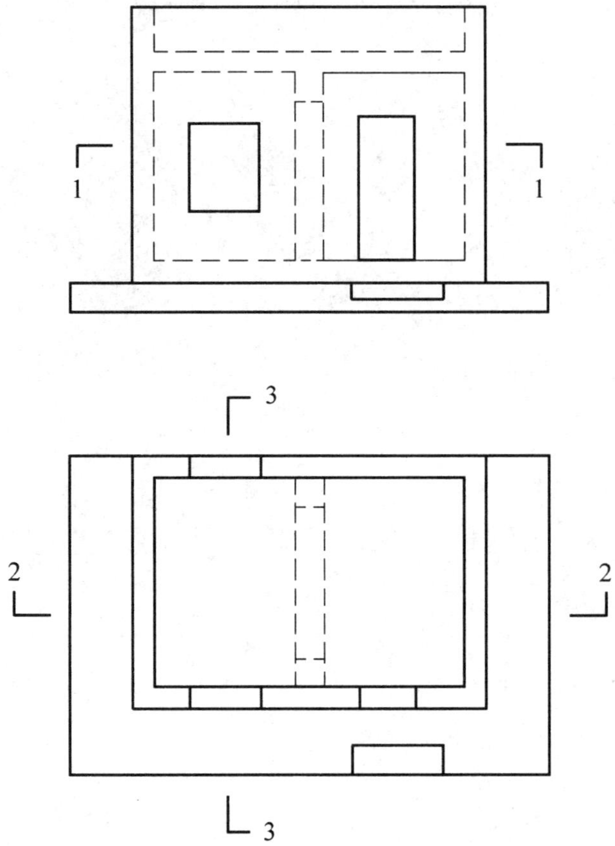

2–2

3–3

1–1

| 6-1　识读并抄画房屋建筑施工图 | 班级 | | 姓名 | | 学号 | | 页次 | 80 |

1.

建筑平面图　1:100

2.

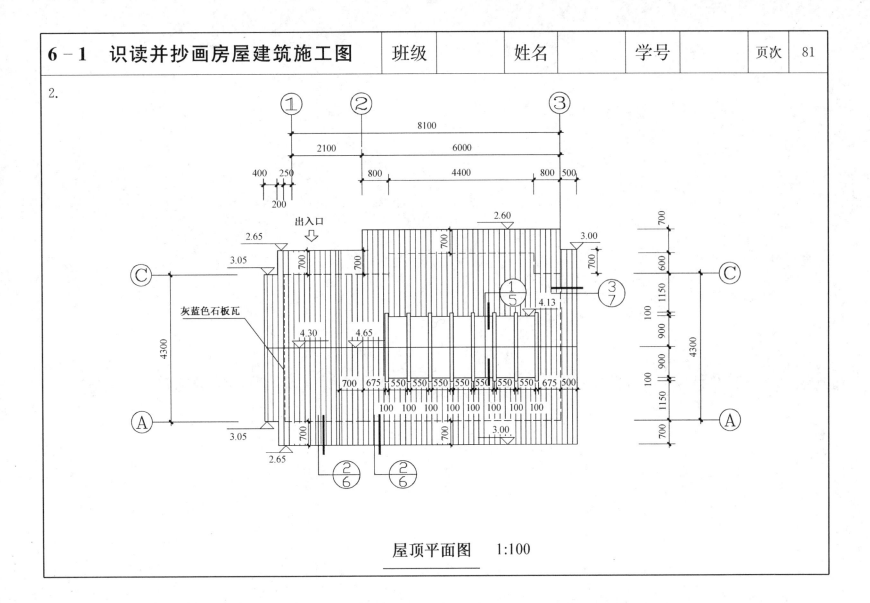

屋顶平面图 1:100

3.

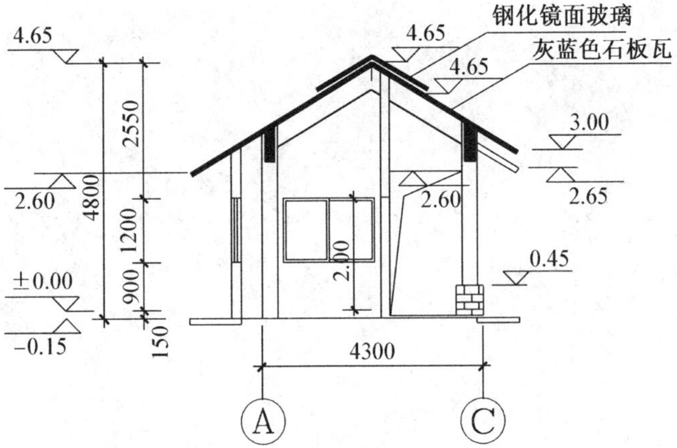

钢化镜面玻璃
灰蓝色石板瓦

4.65
4.65
4.65
2550
3.00
2.60
2.00
4800
1200
2.60
2.65
900
±0.00
0.45
150
-0.15

4300

Ⓐ　　　Ⓒ

A－A剖面　1:100

灰蓝色石板瓦

4.65
3.00
2.6
2550
4.13
4.30
4650
1200
3.05
450
±0.00
450
2.85
-0.15
150
0.45

清水墙　　文化石

8100

③　　　①

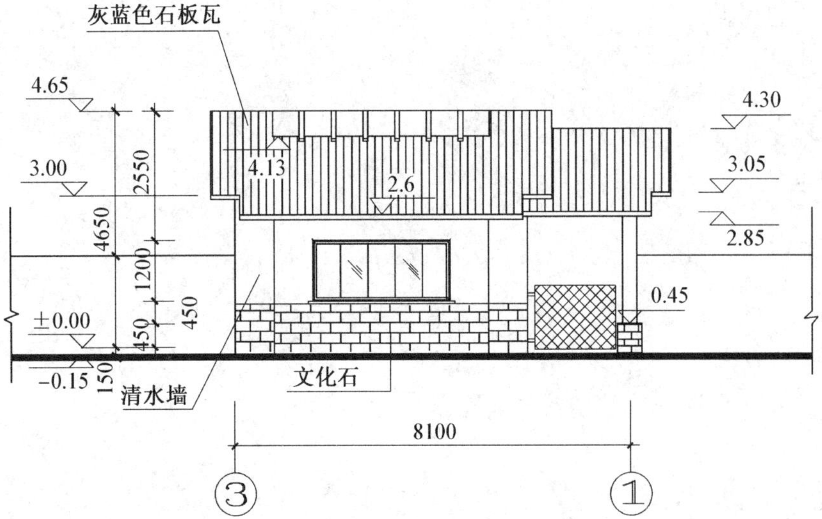

③-① 立面　1:100

4.

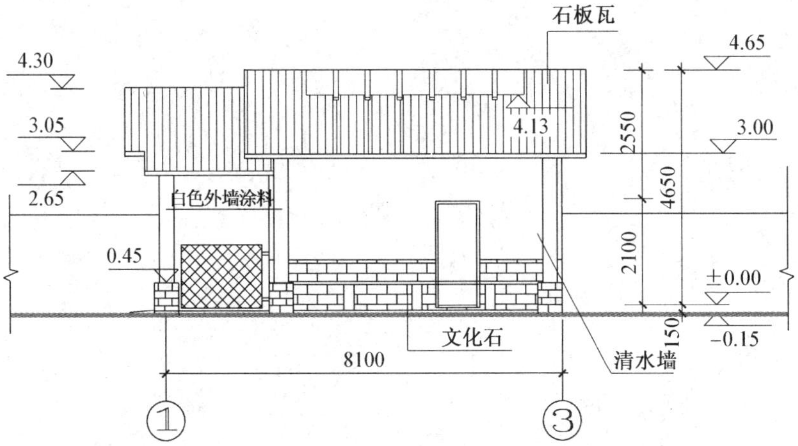

石板瓦

4.65
4.30
3.05
3.00
2550
白色外墙涂料
2.65
4.13
4650
4.65
白色外墙涂料
清水墙
0.45
2100
4.65
3.05
3.00
4800
2.65
2.60
2.65
2.6
±0.00
−0.15
150
±0.00
−0.15
150
900 1200
450
文化石
清水墙
8100
文化石
4300

① ③

Ⓒ Ⓐ

_①-③ 立面_ 1:100

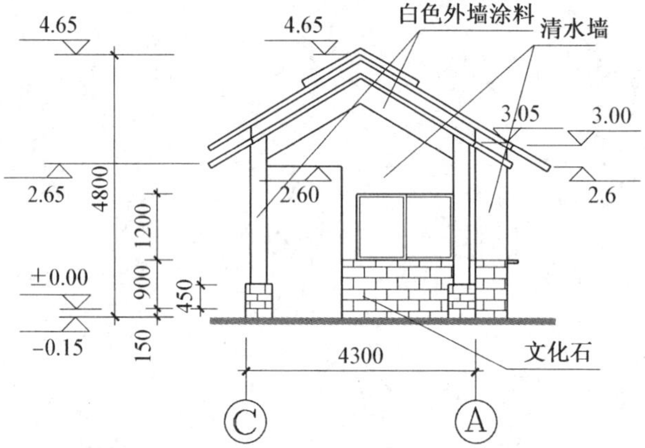

_Ⓒ-Ⓐ 立面_ 1:100

5.

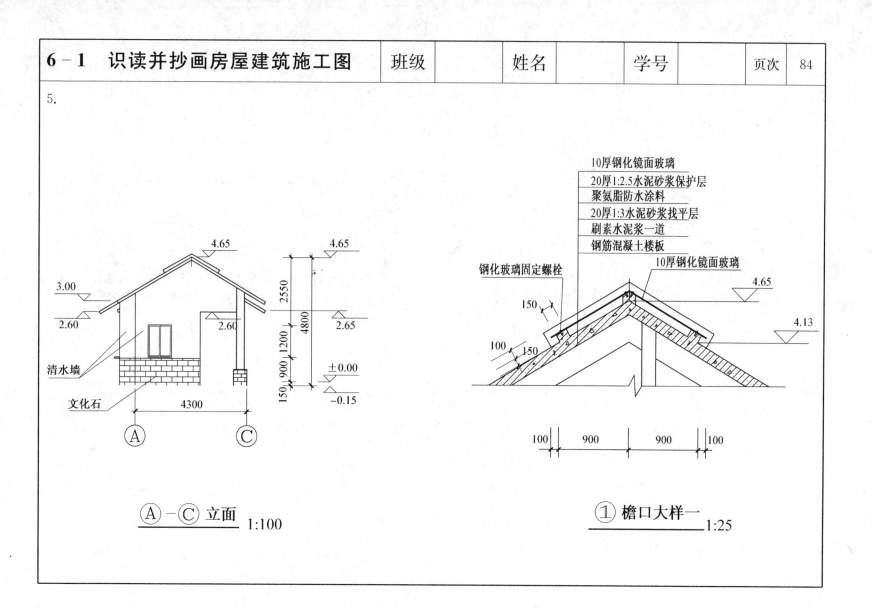

10厚钢化镜面玻璃
20厚1:2.5水泥砂浆保护层
聚氨脂防水涂料
20厚1:3水泥砂浆找平层
刷素水泥浆一道
钢筋混凝土楼板

钢化玻璃固定螺栓
10厚钢化镜面玻璃

4.65

4.13

清水墙
文化石

4.65
3.00
2.60
2.60
2.65
2550
4800
150 900 1200
±0.00
−0.15
4300

Ⓐ Ⓒ

150
100
150
100

100 900 900 100

Ⓐ-Ⓒ 立面 1:100

① 檐口大样一 1:25

6.

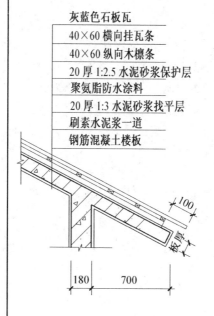

灰蓝色石板瓦
40×60 横向挂瓦条
40×60 纵向木檩条
20 厚 1:2.5 水泥砂浆保护层
聚氨脂防水涂料
20 厚 1:3 水泥砂浆找平层
刷素水泥浆一道
钢筋混凝土楼板

② 檐口大样二　　1:25

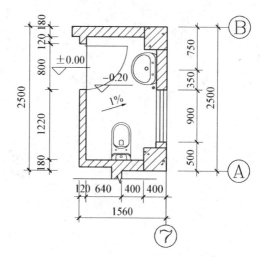

④ 厕所大样　　1:50

卫生间防水做法：

① 防滑面砖（材料甲方定）

② 15 厚 1:2.5 水泥砂浆保护层

③ 涂聚氨脂防水涂料三遍四周上翻墙面 500 高

④ 20 厚 1:2.5 水泥沙浆找平层

⑤ 100 厚 C10 混泥土

⑥ 素土夯实

7.

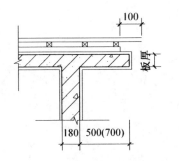

③ 檐口大样三 1:25

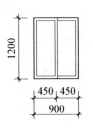

C1 1:50

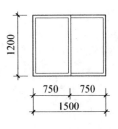

C3 1:50

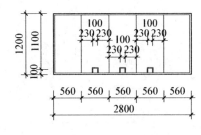

C2 1:50

编号	洞口尺寸		数量	图案编号	备注
	宽	高			
C1	900	1 200	1		采用 5 厚白玻璃，90 系列白色铝合金框
C2	2 800	1 200	1		采用 5 厚白玻璃，90 系列白色铝合金框
C3	1 500	1 200	1		采用 5 厚白玻璃，90 系列白色铝合金框
M1	900	2 100	1		木质夹板门
M2	800	2 100	1		木质夹板门

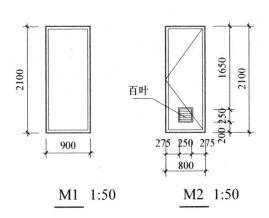

M1 1:50   M2 1:50

1.

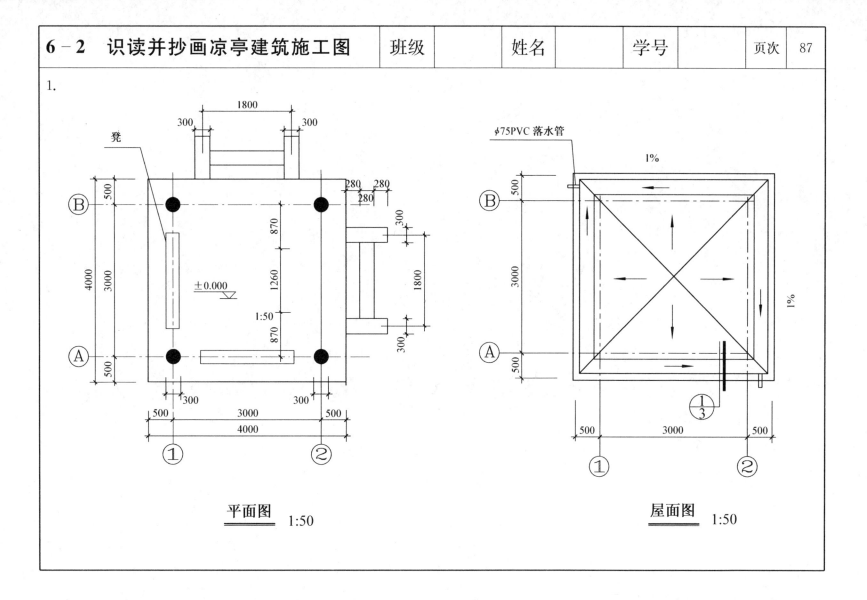

平面图 1:50

屋面图 1:50

2.

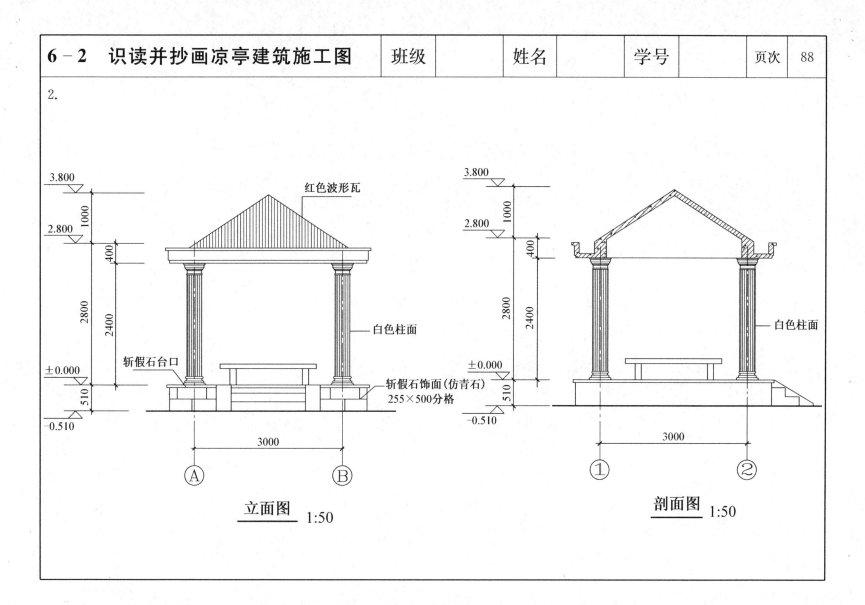

立面图 1:50

剖面图 1:50

3.

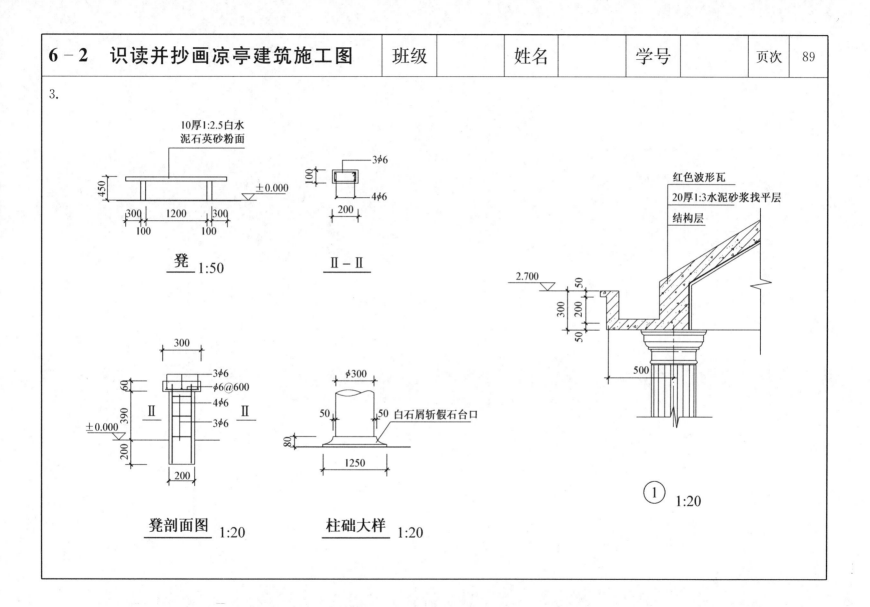

凳 1:50

Ⅱ－Ⅱ

凳剖面图 1:20

柱础大样 1:20

10厚1:2.5白水泥石英砂粉面

红色波形瓦
20厚1:3水泥砂浆找平层
结构层

白石屑斩假石台口

① 1:20

4.

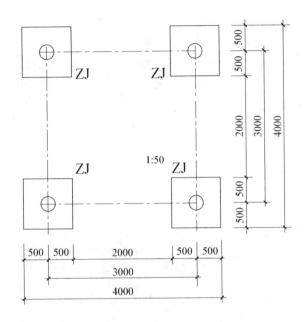

基础平面布置图 1:50

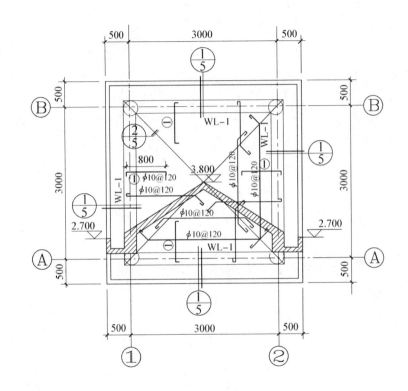

屋面结构图 1:50

(板厚 h=120)

5.

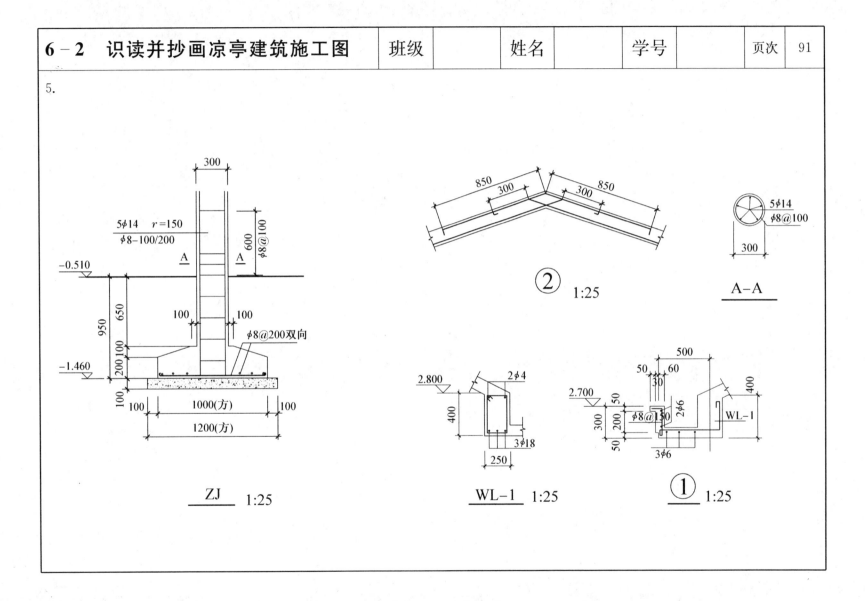

ZJ 1:25

② 1:25

A-A

WL-1 1:25

① 1:25

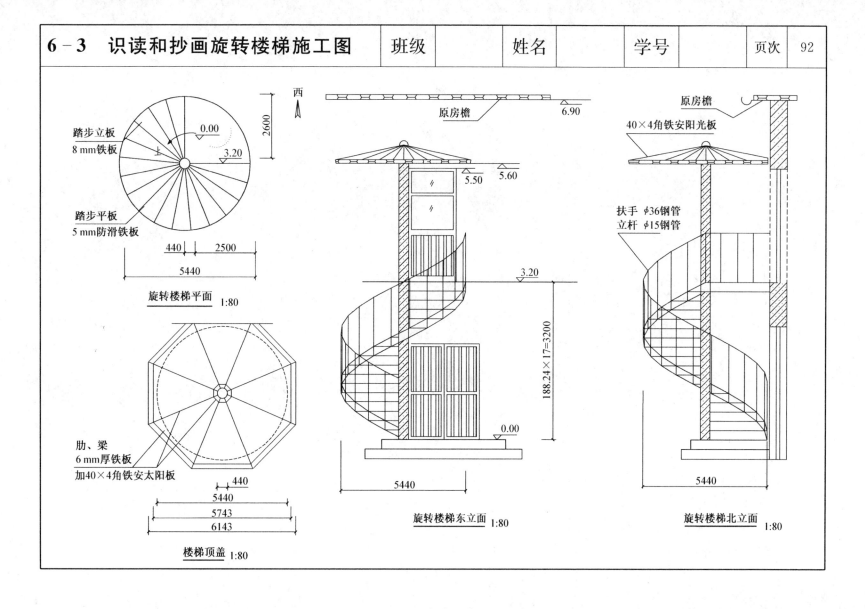

踏步立板
8 mm铁板

踏步平板
5 mm防滑铁板

0.00
土
3.20

西

2600

440 2500
5440

旋转楼梯平面 1:80

肋、梁
6 mm厚铁板
加40×4角铁安太阳板

440
5440
5743
6143

楼梯顶盖 1:80

原房檐
6.90

5.50 5.60

3.20

188.24×17=3200

0.00

5440

旋转楼梯东立面 1:80

原房檐

40×4角铁安阳光板

扶手 φ36钢管
立杆 φ15钢管

5440

旋转楼梯北立面 1:80

1.

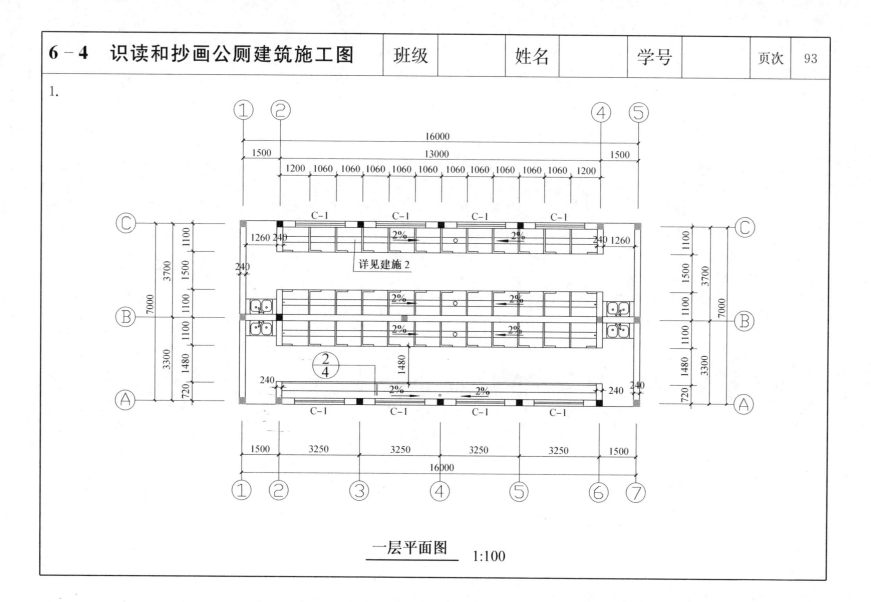

一层平面图　1:100

2.

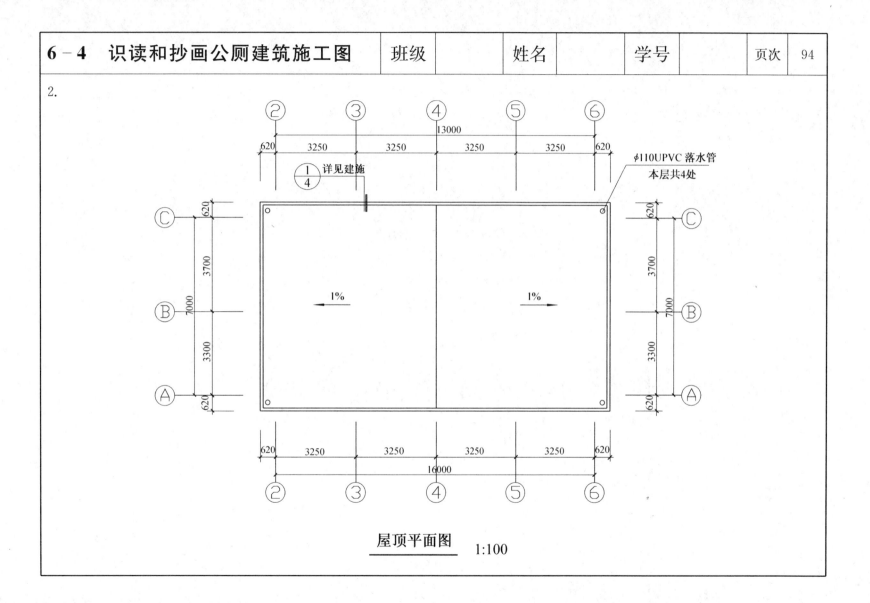

屋顶平面图　1:100

3.

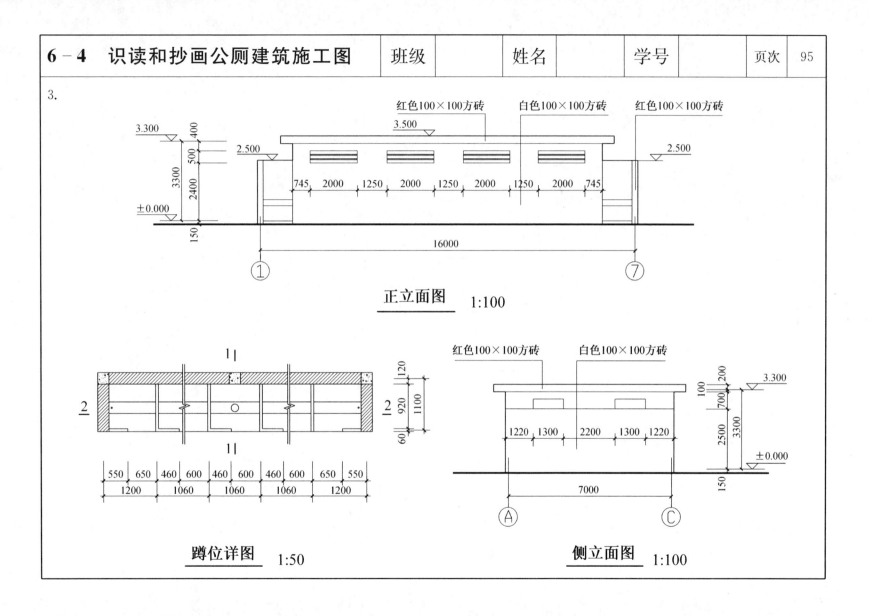

正立面图　1:100

蹲位详图　1:50

侧立面图　1:100

4.

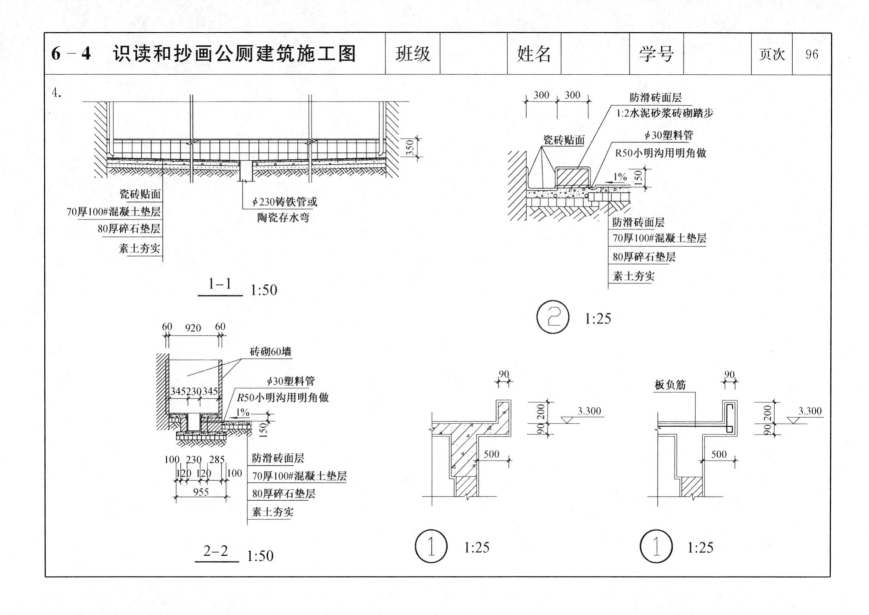

瓷砖贴面
70厚100#混凝土垫层
80厚碎石垫层
素土夯实

ϕ230铸铁管或
陶瓷存水弯

1－1 1:50

防滑砖面层
1:2水泥砂浆砖砌踏步
瓷砖贴面
ϕ30塑料管
R50小明沟用明角做

防滑砖面层
70厚100#混凝土垫层
80厚碎石垫层
素土夯实

② 1:25

砖砌60墙
ϕ30塑料管
R50小明沟用明角做

防滑砖面层
70厚100#混凝土垫层
80厚碎石垫层
素土夯实

2－2 1:50

板负筋

① 1:25

① 1:25

5.

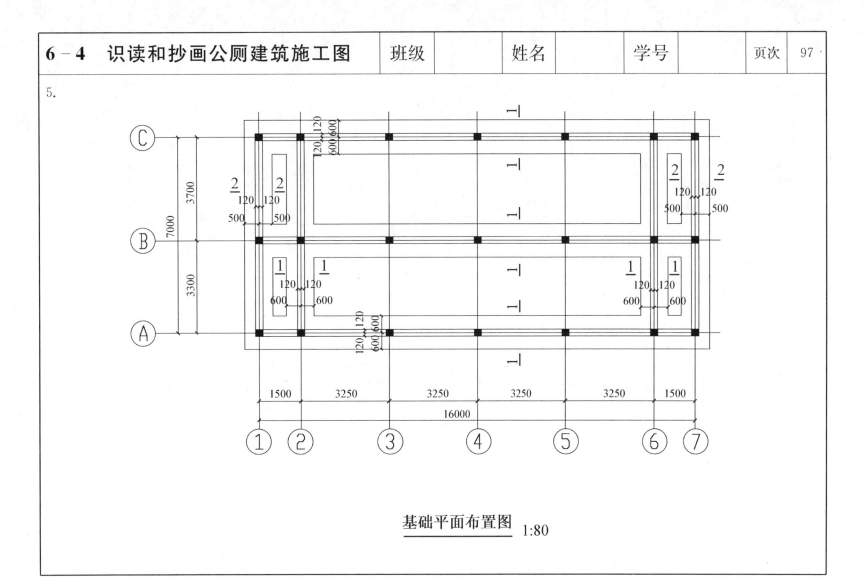

基础平面布置图 1:80

6.

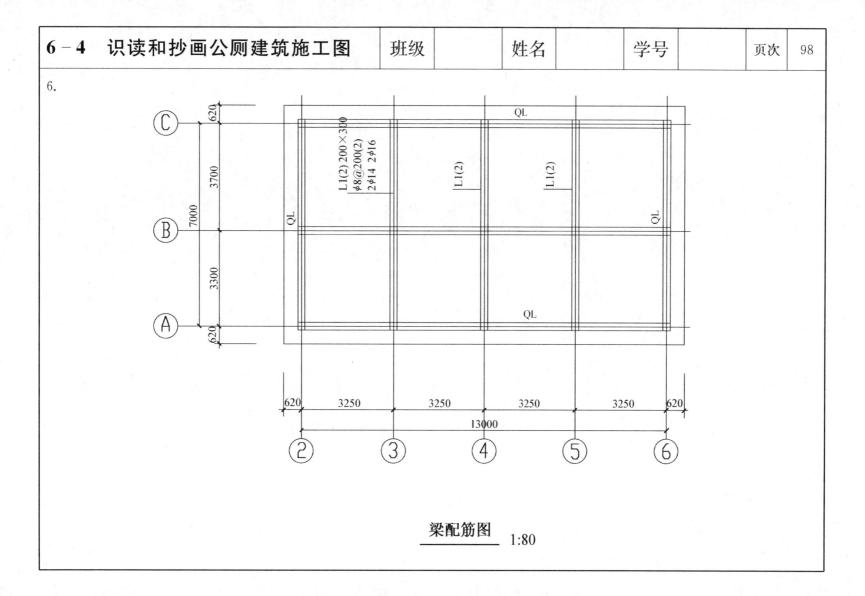

梁配筋图　1:80

7.

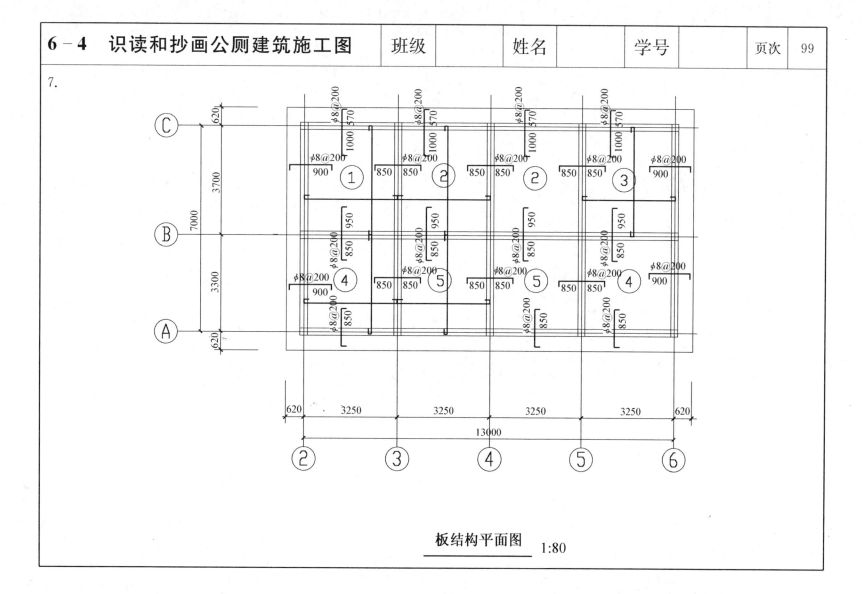

板结构平面图 1:80

8.

4φ14

φ6@200

240

240

GZ 1:20

2φ14

φ6@200

300

2φ14

240

QL-DQL 1:20

说明：
1. 本工程为单层砖混结构
2. 基础采用条石条形基础
3. 未注明板底正筋均为 φ8@200
　 未注明板底负筋均为 φ8@200

DQL

150 180
150

230 230 230

480 120 120 480

600 600

300

-0.460

690

-1.150

1-1 1:20

DQL

120 155
105

230 230 230

380 120 120 380

500 500

300

-0.460

690

-1.150

2-2 1:20

1.

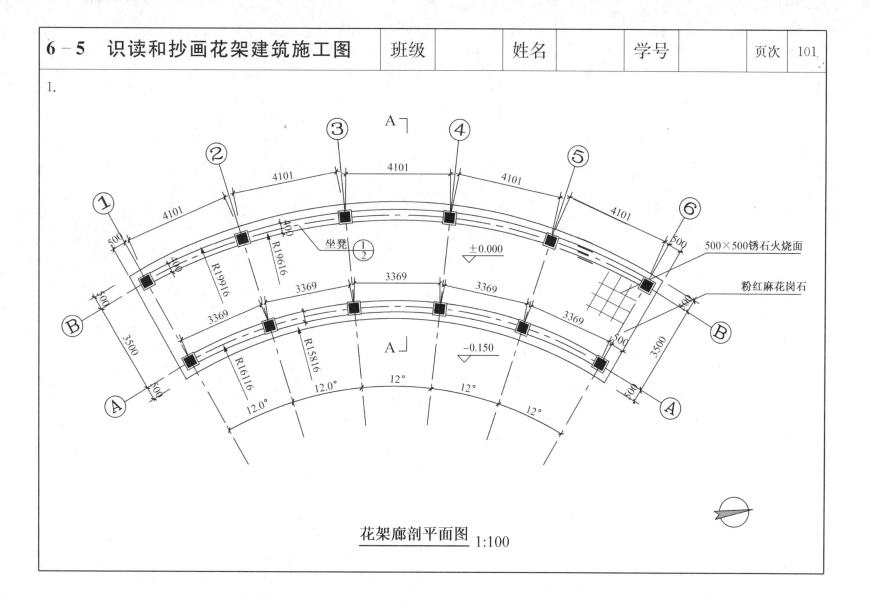

坐凳 $\frac{1}{2}$

±0.000

−0.150

500×500锈石火烧面

粉红麻花岗石

花架廊剖平面图 1:100

2.

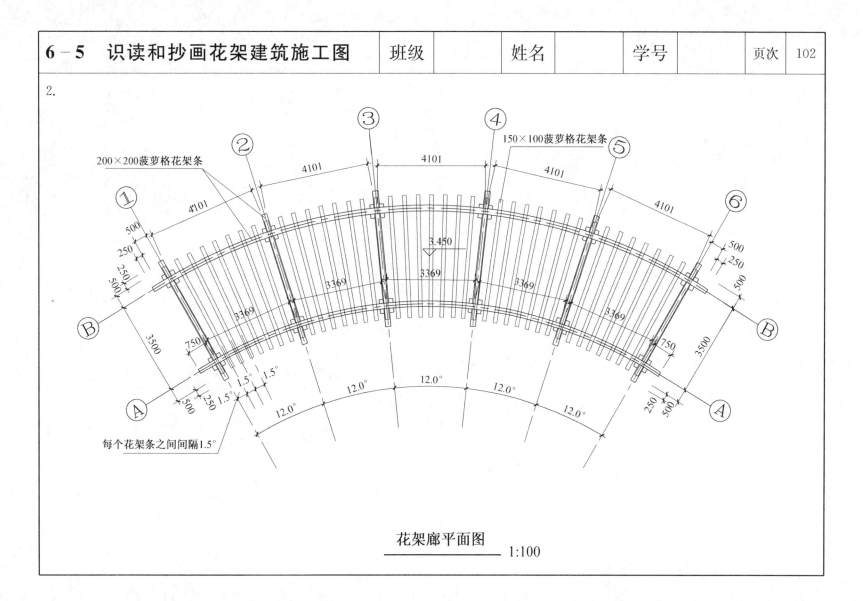

花架廊平面图

1:100

3.

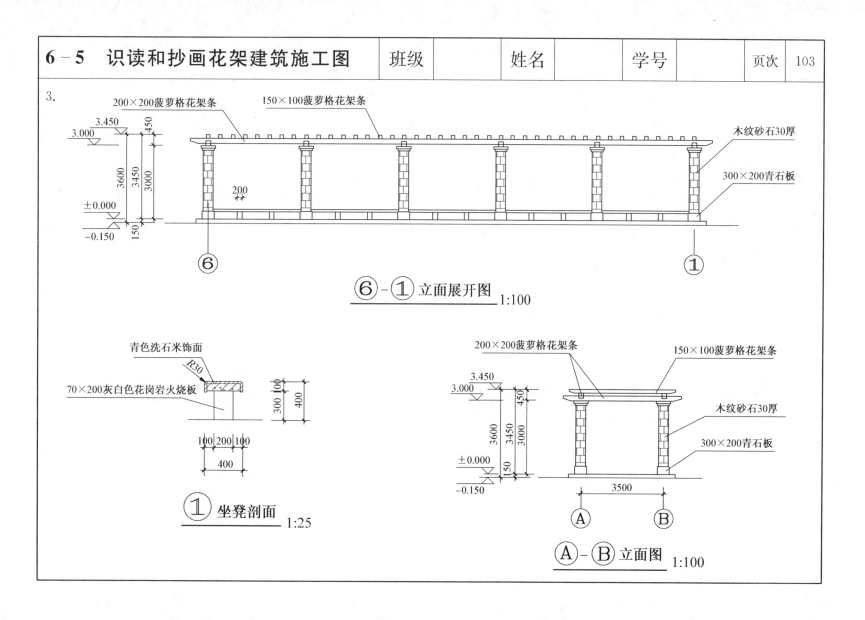

200×200菠萝格花架条

150×100菠萝格花架条

木纹砂石30厚

300×200青石板

200

⑥－① 立面展开图 1:100

青色洗石米饰面

R30

70×200灰白色花岗岩火烧板

① 坐凳剖面 1:25

200×200菠萝格花架条

150×100菠萝格花架条

木纹砂石30厚

300×200青石板

3500

Ⓐ－Ⓑ 立面图 1:100

4.

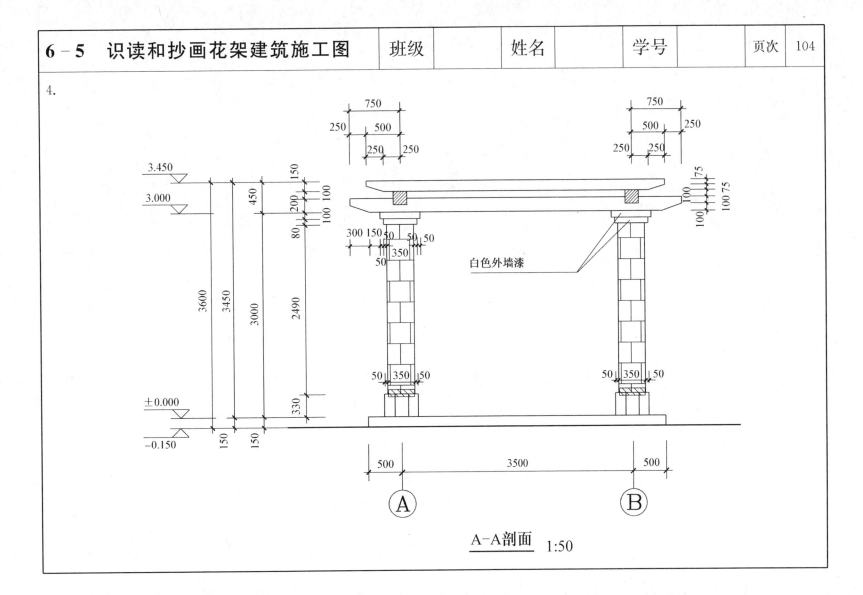

A－A剖面 1:50

1.

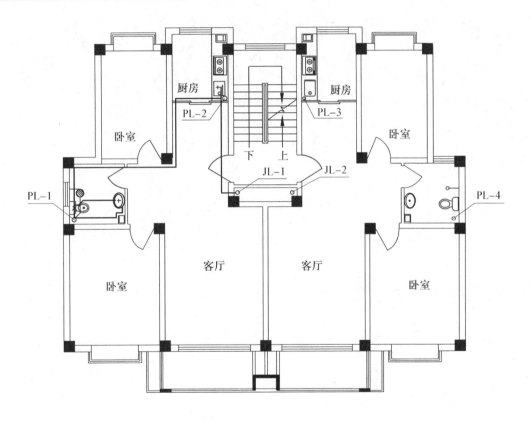

标准层给排水平面图 1:100

2.

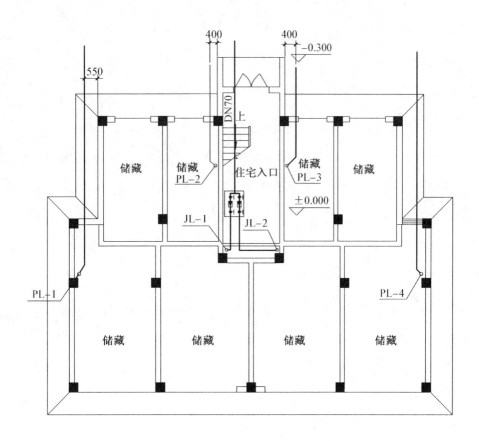

地下室给排水平面图 1:100

3.

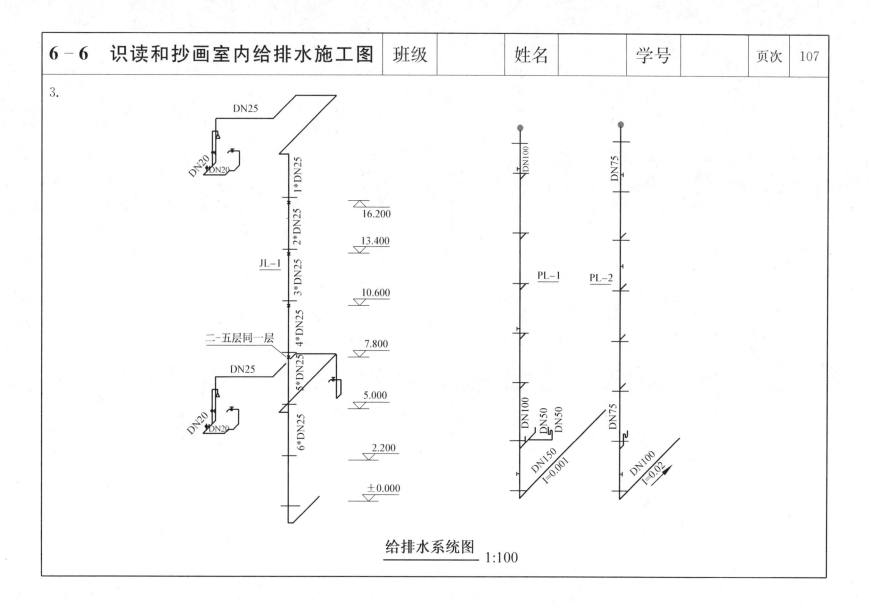

DN25

DN20 DN20

1*DN25

16.200

2*DN25

13.400

JL-1

3*DN25

10.600

二—五层同一层

4*DN25

7.800

DN25

5*DN25

5.000

DN20 DN20

6*DN25

2.200

±0.000

DN100

DN75

PL-1   PL-2

DN100   DN75

DN50 DN50

DN150
i=0.001

DN100
i=0.02

给排水系统图

1:100